云锦 服饰用分析与数字化设计

中华人民共和国文化和旅游部重点实验室项目资助

刘正　侯珏　孙迎　著

U0241949

中国纺织出版社有限公司

内 容 提 要

本书从材料、织造、图案纹理等方面系统介绍云锦的构成、发展和特征，并从纺织品服用性角度分析了云锦的物理属性及特征。为了更好地传承创新云锦，本书引入了数字化设计和人工智能技术，结合云锦材料、组织要素分析，提出了云锦图案数字化设计和创新设计的方法。

本书图文翔实，可供纺织服装院校纺织品设计相关专业师生参考使用，也可供云锦爱好者及从业者阅读借鉴。

图书在版编目（CIP）数据

云锦服饰用分析与数字化设计 / 刘正，侯珏，孙迎著 . -- 北京：中国纺织出版社有限公司，2023.3

ISBN 978-7-5229-0170-1

Ⅰ.①云… Ⅱ.①刘… ②侯… ③孙… Ⅲ.①数字技术 – 应用 – 织锦缎 – 服装 – 设计 Ⅳ.① TS941.772–39

中国版本图书馆 CIP 数据核字（2022）第 244850 号

YUNJIN FUSHIYONG FENXI YU SHUZIHUA SHEJI

责任编辑：苗 苗 魏 萌 责任校对：高 涵
责任印制：王艳丽

中国纺织出版社有限公司出版发行
地址：北京市朝阳区百子湾东里 A407 号楼 邮政编码：100124
销售电话：010—67004422 传真：010—87155801
http://www.c-textilep.com
中国纺织出版社天猫旗舰店
官方微博 http://weibo.com/2119887771
北京华联印刷有限公司印刷 各地新华书店经销
2023 年 3 月第 1 版第 1 次印刷
开本：787 × 1092 1/16 印张：9.25
字数：165 千字 定价：88.00 元

前言
PREFACE

　　丝绸是中华文明的重要标志物，云锦作为传统丝绸中的瑰宝，体现了古代丝织工艺及传统丝绸文化的精华，云锦织造技艺已被正式列入联合国教科文组织人类非物质文化遗产代表作名录。作为一种兼有文化、设计和工艺综合属性的纺织品，云锦具有"技术与艺术结合"、传承丝绸文化的显著特征。由于受材料、设备及工艺传承等因素的限制，云锦呈现形式单一化、技术装备升级停滞化、从业技术人员断档化等现象，而产品设计的滞后、高昂的成本、有限的市场前景严重阻碍了云锦的活化创新。

　　数字化、智能化正在成为推动我国产业优化升级的关键力量，借助数字化技术推动传统丝绸行业转型，已经成为云锦及其文化重新焕发活力的有效且唯一的途径。

　　本书正是在这个大背景下，从产业调研、学术研究、技术创新角度出发，融合纺织和信息学科，采用仪器测试、人工智能与图形图像技术，系统收集整理云锦第一手资料，从云锦起源出发，研究其在原料线型、组织结构、图案纹样、色彩配置等要素设计方面所蕴含的历史、文化、艺术和工艺特征，深入挖掘传统云锦特征，以典型要素和风格为对象，解构形成云锦特征及其表征方式。研究现代云锦面料的设计图、意匠绘制、挑花结本、机器装造和小样试织制作工序，分析面料的纹样特征。基于云锦面料构成要素、服用性能和纹样生成特征的分析，确定影响纹样基元的控制元素，进行模块划分，并构建控制模块间的转化模型。基于计算机图形学方法，建立了妆花缎仿真纹样生成设计方法。采用了风格迁移方法，利用预训练网络从内容图和风格图中提取云锦图像的内容和风格，通过图像重建获得合成效果图，基于云锦图案的特点，在原始迁移模型的基础上，提出了云锦局部风格迁移方法。获取目标纹样掩码图用于区分纹样与背景，清晰纹样轮廓，计算合成图像素的全变分损失加入到总损失中，通过优化全变分损失减小纹样色彩像素的差异，提高纹样语义清晰度；结合损失函数与掩码图，获得轮廓清晰、语义易识别的云锦风格迁移效果图。

最后将上述仿真纹样生成方法和风格迁移设计进行数字化编码及封装，设计开发了云锦妆花缎仿真纹样快速生成系统和云锦风格迁移创意设计系统。系统以 Window10 为平台，在 Pycharm 集成环境下用 python 语言编码，并利用 PyQt 工具包制作主界面，实现云锦妆花缎仿真纹样和云锦风格创意设计图案的快速生成。

本书由刘正撰写第一、第五章，侯珏撰写第七章，孙迎撰写第二至第四章，邱雪琳撰写第六章，全书由刘正统稿。本书的内容和出版受到中华人民共和国文化和旅游部重点实验室项目"传统云锦特征基因解构及要素创意化设计"的资助。同时，书中材料、工艺、组织部分资料来源于戴健及其著作，编者对此深表感谢。吴诗豪实现了数字化创意设计的编程运行，徐雨露为部分章节内容、全文的排版做出了贡献，书中展示的部分云锦来自南京云锦研究所，编者在此一并表示感谢！

由于时间仓促，书中难免存在疏漏之处，还请广大读者批评指正！

著者

2022 年 7 月

目 录
CONTENTS

第一章

——

云锦简介

第一节 ▶ 云锦的起源与历史

云锦是一种采用蚕丝、金线等高档原材料织造的熟织丝织纬锦[1]，因生产地集中于南京，故多以"南京"冠之，即"南京云锦"。南京云锦[2]与苏州宋锦[3]和四川蜀锦[4]共称为"中国古代三大名锦"，因为云锦吸收了其他织锦优秀的工艺技术，并在此基础上发展出独有的手工局部挖花技艺——妆织工艺，故云锦位列三大名锦之首。云锦织造精细、用料考究、锦纹秀丽，有"寸锦寸金"之说，被誉为"东方瑰宝""中华一绝"。

关于云锦的起源，李斌等[5]对此进行了总结，主要有三种观点：学者黄能馥[6]认为云锦起源于公元3世纪的吴国；以朱同芳[7]为代表的部分学者认为，东晋义熙十三年（公元417年），朝廷在国都建康（今南京）建立了专门管理织锦的官署——斗场锦蜀，象征着云锦的诞生，即云锦距今有1600多年的历史；但以徐仲杰[8]为代表的大部分学者，以及云锦传承人金文[9]和戴健[1]先生则认为云锦源于元朝，盛于明清，距今有七百多年的历史。笔者认为，云锦在品种、用料、工艺技术和艺术等方面具有特定的风格特征，区别于其他同类织锦的最大特色在于大量使用金线和妆织工艺，那么云锦的起源与织金及妆织技艺的诞生息息相关。一方面，具有云锦特色的织金和花缎品种从元代开始发展，生产规模可观；另一方面，云锦独特的挖花盘织工艺，是在蜀锦和宋锦等古丝绸丝织技艺的历史基础上发展而来，故笔者与大部分学者观点一致。

元代，统治者嗜爱织金织物，以金线织造而成的织金锦及具有伊斯兰风格的纳石矢（Nasich）开始大量生产。彼时生产云锦的织造局均由官办机构管理，即中央在建康（南京）设立的"东织染局"和"西织染局"，统称"建康织局"，专门用于织造难度较高、质量上乘的御用织物。东、西织染局的规模相当，据《至正金陵新志》[10]记载，东织染局有"管人匠3006户，设机154张，额造段匹4527段，荒丝11502.8斤"。同时，织造工序复杂的大花楼织机在元朝得到定型，用于织制提花彩锦和挖花品种，其至今无法被现代电力织机所替代。用金、制丝、染色和机器的发展为南京云锦，特别是织金品种的形成提供了重要的技术支撑。

明代，随着织造工艺的日臻成熟与完善，云锦的发展空前繁盛。由于皇室对高档丝织品的需求量增加，云锦官营规模也进一步扩大。在南京设立了南京内织染局（内局）、南京工部织染所（外局）、南京神帛堂和南京供应机房等中央性质的织造机构。内局的工匠包括画匠、挑花匠、挑花工和织手及机器维修辅工等，也有缂丝匠和织罗匠，处理的事务包括原材料的染色、丝线加工和金线制作、牵经装造等20多项全套工序。生产的缎匹品类有云锦、缂丝和素织物，用于织造文武官员诰敕，祭祀用衮服及龙袍等。外局隶属于工部都水司，洪武年间每年的公用缎都产自这里，后随迁北京。神帛堂隶属司礼监，专门生产皇帝祭祀用丝织品，如郊祀制帛、奉先制帛、展亲制帛、礼神制帛和报功制帛等，颜色有白、青、黄、赤、黑之分，平均每年织造神帛约1369缎匹。供应机房隶属于内承运库，为皇家织造龙衣、彩锦、纻丝、纱、罗、缎匹与各色花样袍料等，以备不时之需。该时期最突出的成就在于，南京丝织艺人将妆织工艺与金线相结合，使云锦具备了独树一帜的品种特色，代表品种妆花也更加成熟。

　　清代，朝廷建立了南京江宁织造府，主要功能是织造云锦、神帛，以皇家用缎匹为多。据史料记载，当时南京民间有3万多台丝织机，机杼声彻夜不断，近30万人投入丝织业，从业人数位居全国手工产业之首。这一时期的云锦种类丰富，与外来织锦技术相融合，发展出了库缎、库锦、织金和妆花四大品类，材料、图纹和色彩等特征要素鲜明。高档的云锦品类深得统治者的青睐，被广泛用作服装服饰面料，如皇帝龙袍、皇后凤衣[6]（图1-1）、妃嫔靓装和文武官员的章服补子等，或用于宫廷装饰，如皇宫座褥、靠垫、枕被等，或以贡品形式赏赐给有功之臣和外国使节。正如《释名·释彩帛》中写道："锦，金也。作之用功重，其价如金。"故云锦在当时还是身份、地位和权力的象征，非帝王不得使用。至此，云锦的发展达到鼎盛时期。

（a）康熙皇帝朝服像（故宫博物院藏）　　　　（b）康熙帝孝诚皇后像（故宫博物院藏）

图1-1　古代云锦服装

中华民国时期，辛亥革命推翻了最后一个封建王朝，皇室专用的云锦无所附庸，而且新型电力提花机的出现及战争与外来产品的倾销迫使云锦一步步地走向衰落。中华人民共和国成立后，百花齐放，百业待兴，政府斥资千万抢救、恢复和保护云锦文物及织造技艺，但是真正意义上的云锦传承人不过50人。1954年，"云锦研究工作组"成功组建，给濒临消亡的云锦带来了曙光。1957年，"南京云锦研究所"成立，其集云锦研究、生产、展览和销售于一体，是我国第一家云锦专业机构。2004年，为了让更多的人了解云锦文化，"南京云锦博物馆"诞生。2005年，南京云锦"吉祥"牌商标被南京市评为著名商标。作为中国古代丝织工艺的精华，2006年，云锦的木机妆织工艺被列入首批《国家级非物质文化遗产名录》；2009年，凭借其精湛的手工织造技艺，云锦再度被联合国教科文组织列入《人类非物质文化遗产代表作名录》，得到了世界人民的认可与喜爱。当下，在继承传统云锦文化的基础上，通过社会各界的支持和保护，顺应文化融合趋势，迎合当下时尚潮流，现代云锦产业发展慢慢步入正轨。

第二节 云锦的发展与现状

一、云锦研究现状

表1-1为近20多年来云锦研究方向的汇总，从发表的论文来看，学者们的研究主要围绕云锦的传承发展、基本特征、创新设计和云锦业的发展四个中心展开。

表1-1 云锦论文研究方向统计

研究方向	占比 /%	细分方向	论文量 / 篇	占比 /%
云锦传承发展	23.46	云锦的传承与保护	34	13.99
		云锦的发展与创新	23	9.47
云锦基本特征	30.04	分类、材料、组织结构、图案纹样、色彩、工艺、文化内涵、文学渊源及美学特征	73	30.04
云锦创新设计	27.57	现代云锦服装服饰品的创新设计	22	9.05
		室内装饰、景观设计、包装、绘画、工艺品、旅游纪念品等	45	18.52
云锦业发展	15.64	云锦产业发展	23	9.47
		云锦宣传方式	8	3.29
		校企合作	7	2.88
其他	3.29	起源、命名、展览、术语、数字化、智能织造	8	3.29

数据来源：2000 年 1 月至 2021 年 12 月数据。

（一）云锦的传承发展

云锦成功申遗之后，很多学者从云锦的文化、材料、组织、图案纹样、色彩和工艺等特征要素角度，对其传承及更好地发展进行了讨论。徐天琦[11,12]在《云锦申遗——只为更好地传承》中，详细介绍了云锦的兴盛衰落和复兴之路，针对云锦日后的发展，对其材料、应用及产业发展提出建议。周海燕[13]和石靖敏[14]进一步探讨了云锦的艺术传承和保护，牛犁[15]深入阐述了云锦文化的传承与发展，林雨纯[16]对云锦图案的传承和创新做了分析，易林[17]继而提出利用数字化技术传承云锦纹样。李舒妤[18]梳理了云锦发展历史及其重要组成部分。从不同特征要素的角度探讨云锦传承，可为云锦现阶段的保护措施提供更多思路，使更多的人了解云锦这一非物质文化遗产。

（二）云锦的基本特征

传统云锦织造工艺复杂，做工精细，所用材料昂贵，图案花纹寓意吉祥，整体富丽堂皇、金翠交辉。云锦以其独特的魅力，引起了广大学者的关注，从而深入研究云锦分类、织造材料、图案纹样、色彩搭配、织造工艺、文化内涵和美学特征等。金砚舒[19]等人详细阐述了云锦的文化内涵、图案纹理和分类，重点介绍了云锦的织造工艺，并为其保护提供了建设性的意见。戴健[20]介绍了传统云锦典型品种的组织结构，并总结云锦用料要求和经、纬织造特征。梁惠娥[21]对传统云锦颜色进行深入研究，从色彩表现、色彩构成、色彩观念等方面入手，发现传统云锦色彩与我国古代宫殿建筑的配色相互关联、同步发展，与其应用环境相协调。近几年，随着数字化技术的普及，纺织服装行业也紧跟其步伐。目前，传统云锦已经打破了手工绘制意匠图、配色和挑花等繁杂工作，徐旋[22]自主设计引纬机械手系统，配合电子提花妆织，尝试攻克传统云锦手工引纬的织造难题，但相关技术尚不成熟。

（三）云锦的创新设计

为了传承传统云锦文化，不少学者将云锦风格特征迁移到其他产品的创意设计中。吕倩[23]分析城市景观与云锦融合的交叉点，尝试将云锦文化、图案、色彩等元素应用到中华织锦园的景观设计。刘璐[24]提取云锦图案纹样特征，通过二次创意设计，将其应用于室内装饰。周晨路[25]创新性地将云锦图案纹理、色彩等元素与纸刻工艺相结合，应用到云锦礼品包装的设计中。鲁新华[26]等人将云锦妆花风格应用到紫砂壶等文创产品的设计中。

传统云锦在过去是皇室专用服饰面料，然而从服饰用角度分析云锦服装设计开发及创新的研究占比很低，只占总体的9%左右。卞戎戎[27]从现代服装的设计制作层面出发，指出云锦服饰在结构、图案、颜色和织造工艺方面的设计要求。李彦[28]在此基础上，结合云锦发展，从高级定制服装与大众服饰品两个角度论述云锦未来的创新设计前景。曹明哲[29]则坚持将云锦中的优秀设计元素运用在现代高级定制服装中，开发具有民族特色、国际竞争力的中国高级定制品牌。而宋湲[30]、吕品[31]等人将目光转向云锦典型元素的迁移，将云锦图案、纹样等元素应用到新中式服装、奥运礼服及包包等服饰品配件的设计中。

除了文物复织，当前云锦在服装领域的应用场景并不多。在传统特色基础上，现代云锦服装在款式、廓型和织造方式方面进行改良，结合堆叠、打褶、拼贴、编结、雕镂、钉珠、刺绣等工艺[32]，制作出便于生活、娱乐、具有民族特色的新中式服装[33]，常见的服装类型有礼服、戏服、演出服或婚礼服等高级定制服装[34,35]。劳伦斯·许是首位以服装形式将云锦技艺推向世界的中国高级服装设计师[36]，他多次将云锦传统手工艺与当代时尚元素相结合，通过时装秀向世界展示中国云锦的高贵典雅，如2013年在巴黎高级时装周发布的"绣球"系列云锦服装、2015年"敦煌"系列云锦服装，以及同年在米兰举办的云锦大秀等。国内顶级奢侈品品牌NE·TIGER（东北虎），也曾将云锦面料与刺绣结合，设计了一款高级中式婚礼服——"凤衣"。

（四）云锦业的发展

基于"非遗"地位，蕴含丰富历史文化内涵的云锦受到国家和政府的认可与支持，相关产品和技艺得到前所未有的重视，云锦业逐步走向正轨。针对云锦业的发展现状，不少学者针对云锦文化宣传、产品销售和品牌建设等问题提出相关的解决措施。王燕[37]提出通过校企合作促进云锦织造技艺的传承发展。徐碧珺[38]进一步提出产学研结合推动云锦"非遗"教育课程建设、人才培养、云锦文化传承。蒋亚军[39]则指出，云锦保护机制需传承人、政府、学术界、高校和新闻媒体等共同参与，且数字化是重要路径。朱文强[40]建议云锦博物馆借助数字化交互技术进行展示。王君杨[41]、喻明鑫[42]等人基于消费心理学，提出当代云锦销售应与产业融合，从品牌定位、营销模式、发展渠道进行品牌建设。

总体而言，有关云锦传承发展和基本特征分析的研究较多，相关论文超过总体的一半，但研究点比较分散，存在构成要素孤立分析、云锦面料整体风格缺乏的问题，且深度不够，多以阐述为主。加之地域空间限制，云锦及云锦产品在国内的认知度不高。从纺织科学与工程角度，系统分析云锦面料构成要素特征，是当下宣扬云锦文化、活态传承云锦产品迫切需要解决的基础问题。近几年的研究热点是云锦跨界融合的创意化设计，但云锦作为一种纺织用面料，从云锦服装服饰用的主要应用属性出发，目前基于云锦服装设计制作的研究仅止步于定性分析的宏观层面，导致云锦在纺织服装领域的应用普及度远不如其他锦类。表征云锦面料性能及服饰用特征量化指标的缺乏，限制了现代云锦服装类型的设计、开发，同时给云锦在其他领域的创新应用带来了阻碍。

二、云锦产业现状

（一）云锦文化传承保护

蕴含丰富历史文化内涵的云锦申遗成功，受到国家和政府的认可与支持，相关产品和技艺得到前所未有的重视，云锦业逐步走向正轨。现代云锦的生产地和销售地仍集中在南京地区，规模较大的企业不多，以南京云锦研究所、江南丝绸文化博物馆和南京贡锦云锦织造有限公司等为主要代表。

目前云锦业对于云锦的传承保护的措施主要有两种。

一是着眼于云锦文物的展示和传统妆织技艺的保护。基于云锦的文化遗产地位，从云锦的文化内涵、材料制备、织造工艺及图案色彩几个角度进行宣传。在具体实施过程中，以博物馆实物陈列为主，以相关内容的讲解为辅。随着现代科技与传统技艺的跨界融合，2019年，江南丝绸文化博物馆基于云锦纹样、植物染及色彩呈现特征的系统研究，建立了云锦常用的27色色谱和纹样数据库；通过标准化的信息梳理，构建了云锦知识图谱，使大众更加直观地接收云锦的信息；采用虚拟现实技术搭建了云锦大花楼机数字化展示平台，借助VR设备实现了全方位沉浸式体验，用户可认识织机的零部件和用途，通过拆解或组装了解织机的运作过程[2]。

二是结合当下时尚潮流，对云锦实施生产性的保护策略[43]。2005年，南京云锦研究所创立了"吉祥"品牌，但知名度不及云锦本身。为了顺应当下时尚潮流，云锦业不断设计、开发多项云锦产品，目前市场上云锦产品类型主要包括服装、服饰、包包、室内陈设、工艺品及一些文创品。由于云锦生产成本高昂，生产与销售地处南京，不菲的售价和地域限制影响了消费群体的数量。近年来，为了拓宽云锦的销售渠道，云锦也开启了线上与线下实体店相融合的销售模式。但是云锦及其文化在国内的影响力仍不足，云锦业的发展也处于不温不火的状态。这与云锦低下的织造效率及落后的数字化设计密切相关。

（二）云锦辅助设计软件及生产设备发展现状

传统云锦织造工艺复杂，制作工序有数十道，核心工序包括设计图整理、意匠图绘制、挑花结本、装造机器、材料准备、小样试织和大样生产等，从设计到生产需一个团队来完成。在云锦大样生产前，为保证产品的质量与美感，需进行小样试织，根据试织的面料效果，判断是否符合用户的设计要求。若试织效果不佳，则需不断修正面料的规格参数，同时调整与之配伍的材料和机器等。此过程大花楼机的装造及调整耗时可达数月，同时还会导致材料的浪费，以及人力资源的消耗。为了适应当前织物生产快交货的特点，现代云锦的织造已经广泛应用现代化仪器与设备，以辅助云锦的生产。

1. 计算机辅助软件及图纹数字化设计

计算机辅助设计（CAD）软件的开发为云锦生产提供了技术基础，云锦的设计图整理、意匠绘制目前已经摆脱了纯手工处理。借助 PS、AI 等绘图工具，可编辑云锦设计图。传统的手工意匠绘制也逐渐被纹织 CAD 所取代，利用计算机设计的美术稿或手绘图案设计稿及照片等输入纹织辅助设计系统，在电脑屏幕上实现自动放样，每个意匠点都可经手工修改并确认，生成电子版意匠稿。虽然形成方式不同，但原理与手工填制意匠稿是一致的，而且在正确设定各项工艺参数后，生成的意匠走迹比手工放样更加符合原稿，不仅可以节约大量的时间，与现代电子提花机的结合，还可以省去手工挑花结本这一工序。这在一定程度上缩短了前期设计工作和纹制工作时间，在质量上也比手工操作更有保障。

国内外对于 CAD 软件在织物生产制作过程中应用研究十分广泛，相关 CAD 软件或系统基本具备纱线仿真、花纹设计、组织设计和布面纹理仿真等功能[44]。除了布面纹理仿真仍存在较大上升空间外，其余功能相对成熟。国内关于织物外观效果仿真的研究通常从纱线设计[45]、织物几何结构[46]、计算机图形学纹理合成[47]及基于函数光照效果模拟[48]四个角度入手。国外则重点研究织物外观的立体效果。Feynman[49]等通过在面板上叠加调和函数实现了纹理皱褶模拟，应用于最初的服装虚拟展示。Bogdanovich[50]利用三维地理等高线图识别织物的凹凸形态，建立了多层机织复合材料的外观立体仿真模型。Shen 等[51]以织物真实颜色的模拟为主要研究方向，借助不同灰度模型模拟不均匀的布面形态，Xin[52]结合不同织物截面的曲线，重建了织物的三维凹凸效果。Schubel 等[53]基于纱线交叉重叠的凹陷程度研究，结合织物截面图像采集，仿真不同规格原料的布面真实效果。Jir[54]和 Sara Asghari Mooneghi[55]以织物表面粗糙程度为模型预测基础，通过数据重建面料表面形态。不过由于织物类型众多，布面特征错综复杂，对于布面真实外观的仿真模拟仍需要针对面料类型做具体研究。因此，云锦仿真纹理的设计需借助专用的纹织 CAD 软件。

目前国内外生产纹织 CAD 软件的代表性公司主要有两家，即杭州浙大经纬计算机系统工程有限公司[56]（纹织 CAD V5.0 和纹织 CAD View60 等）和德国的 EAT 公司[57]（Desing Scope Victor）。在纹织 CAD 软件中，可进行意匠绘制、组织输入、纹板设计、轧制纹板和布面效果模拟。输出的纹板信息既可导入电子提花龙头控制提花，同时也可实现普通提花织物及云锦简单品种外观效果的仿真模拟。由于云锦妆花类品种在妆织花纹部位断纬，纬向纱线由手工控制，纬线数不受限制，且面料花组织与地组织由织机的装造结构决定，所以目前针对通经回纬[58]织物外观模拟的专业软件尚未见到。虽然通过组织结构改造，将云锦妆花的地组织与花组织以单经多纬复合组织形式复刻纹样，但存在两大限制：①妆花织物的花纬数不能超过 8 类；②改造组织后的面料已不属于云锦组织，且对应的纹板信息与实际织造不对应，无法投入生产。

另外，云锦图案的传统设计方法耗时长、效率低，且受到工艺传承人技能水平的影响，极大地限制了云锦图案的创新设计和产品活化传承。随着图像技术和人工智能的发展，图像风格迁移逐渐应用到瓷器、漆艺、绘画等工艺美术品领域。作为以图案设计为特色的云锦，同样非常适合采用图像风格迁移的方法实现创新设计，但目前该技术在云锦方面的应用尚不广泛。

综上，云锦面料仿真纹理技术的不完善，会导致前期设计定稿周期冗长、开发成本高，使云锦面料的生产成本处于居高不下的境地，极大地限制了用户的消费容量，阻碍了云锦业的复兴。而图纹数字化设计在云锦面料中应用的不普及，也影响了云锦文化的传承与创新，不利于云锦"非遗"地位的稳固。

2. 生产设备

为提高织造效率，技术人员对云锦专用的大花楼机进行了现代化改造，一种是电子提花加剑杆引纬的全自动电子提花机，另一种是电子提花与人工织纬结合的一体化织机。前者是全自动织机具备机械提花与引纬装置，已经实现了云锦普通品种的生产。后者是在大花楼机上安装电子提花龙头，通过网络或其他通信装置，将纹板信息输入电子提花设备，进而控制提花开口，同时与织手配合织造，多应用于云锦妆花类品种，织出的面料与传统大花楼机一致，均属于手工缎。电子提花龙头的出现解放了拽花工的双手，同时代替了传统的挑花结本工序。云锦织机的变革打破了云锦纯手工的生产过程，在一定程度上提高了云锦的质量与产量，但自动化挖花技术的美好愿景，尚有很长一段路程。

第三节 ▶ 云锦品种

一、云锦品种的特征

从广义上来讲，云锦是指过去南京地区生产的一系列较有特色的提花丝织物，属于丝织品大类中质量上乘的面料。结合云锦的诞生、用料、织造、组织、工艺和艺术等，云锦品种具有以下特征[1]。

（1）非单一品种：云锦有着漫长的发展史，从元代的织金锦品种，明代的妆花缎品种，清代的金宝地、库锦、库缎品种，到民国的芙蓉妆，中华人民共和国成立后的金银妆等，可以看出云锦的品种是在不断丰富壮大的，并在发展过程中吸收了同时期其他织锦的精华，最后形成了具有多种组织结构（以复杂的重纬结构为代表）的一系列品种的组合体。

（2）集中于南京：云锦自诞生以来，一直具有地域性。在元朝，南京有官办的东织染局、西织染局。明朝,南京有中央属性的内织染局、神帛堂和供应机房。清朝,更有为皇宫生产特殊织物的江宁织造府(局)。同时期的南京民间,从事丝织行业的民众非常多,丝织品产量一度占整个南京丝织产量的98%以上,丝织业成为当时南京经济的支柱产业,而在生产的丝织品中,高档提花织锦类一般被称为南京云锦。

(3)用料珍贵:因为云锦常作为皇家御用和赏赐用品,其用料不惜成本,以各种规格的染色蚕丝线为经纬原材料,并以真金捻金线(圆金钱)、捻银线(圆银线)或片金线(扁金线)、片银线(扁银线)或其他金属线作为重要的纹纬材料,个别高档品种还采用动物羽毛捻成的线来作装饰纹纬,如孔雀羽毛线。

(4)提花熟织物:从丝织物的分类来说,云锦属于先染丝后织造的提花熟织物。晚清以来南京民间丝织生产被划分为"花"和"素"两个行业,其中"花业"就是织造提花熟织物的,也称"云锦业"。

(5)在大花楼机上采用妆织工艺织造的手工织物:典型的云锦品种提花工艺是由花本存储并释放提花信息,束综(大纤)提起经线形成花部开口,织入纹纬,并由障框(伏综)压出纹部间丝点;由范框(起综)提起部分经线织入地纬形成地组织的组合式开口系统来完成的。最终云锦由拽花工控制大纤形成提花开口,由织手采用妆织工艺手工织纬,通过相互配合织造而成。

(6)复杂组织结构:云锦可以由单经或重经构成,但纬向必定含有地纬和纹纬两组纬线(简单的库缎、闪缎品种除外),并符合纹纬插合地纬的传统提花概念,其中地组织较为简单,花组织较为复杂,花地组织配合完美。

(7)图纹及配色具有艺术美:云锦织物图案的艺术性和配色规律具有独特的美感。传统云锦图案取材丰富,常用金线包边,以线条构图并填以色块,色块内晕色过渡,色块间色彩对比强烈;云锦图案寓意含蓄,"有图必有意,有意必吉祥",成为我国宫廷皇室文化和吉祥文化的重要组成部分。

综上可知,传统云锦是指南京地区生产的具有特定图案艺术和用色规律的由传统花楼织机和提花工艺生产的多数使用蚕丝、金线等高档原材料的具有多种组织结构的熟织丝织提花织物。

二、云锦品种分类及命名方式

(一)传统云锦分类

传统云锦分为四类,一级分类包括库缎、库锦、织金和妆花[59],根据材料、组织结构、工艺及用途等差异可继续细分,具体的二级分类图如图1-2所示。

1. 库缎

"库缎"亦名"花缎""摹本缎";因常用作衣料,民间亦称为"袍料"。清朝时期属于御

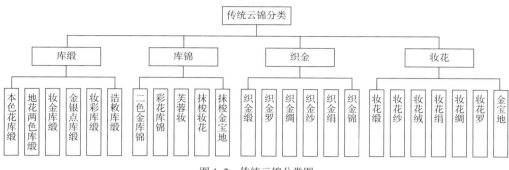

图 1-2 传统云锦分类图

用贡品，织成后送入内务府的"缎匹库"，因而命名为"库缎"。库缎的生产有匹料和织成料两种形式。匹料就是用于制作成品的加工用料，按照成件衣料的规格织造；织成料是按照实用品的具体形式、规格要求织造的面料，即根据衣服的固定样式，在前胸、后背、腰部、肩部、衣袖和下摆等主要部位进行花纹设计，织造出款式完整的成件衣料。库缎品种主要有本色花库缎、地花两色库缎、妆金库缎、金银点库缎、妆彩库缎和诰敕库缎。

"本色花库缎"亦称"起本色花库缎"或"暗花"，在丝绸大类中隶属"暗花缎"，如图 1-3 所示。织物所用的经、纬线颜色相同，其特点是在缎地上织出本色的图案花纹，分经面显花和纬面显花两种。经向组织显地、纬向组织显花的为"暗花"，花部较地纹光泽度弱，适用于较精致细腻的花纹；反之为"亮花"，花部光泽度强于地部，花纹较粗犷。在库缎纹样设计上，纬面显花多于经面显花，故一般以"暗花"风格居多。蒙古族、藏族多使用团花库缎作为传统服装的面料，四则或六则纹样居多（面料幅宽内横向排列的单位纹样的个数，即为"则数"[52]），近代逐渐被"散花"和"折枝花"纹样所取代。

"地花两色库缎"亦称"闪缎"或"明花"，在丝绸大类中隶属"提花闪缎"。织物所用经、纬线颜色不同，多为补色，地亮花艳，对比强烈，有明快显目之效。如图 1-4 所示，织物缎地为黑色，红色纹纬显花，花地两色互为衬托，花纹明显突出。地花两色库缎为双反面织物。

"妆金库缎"以通织的本色花库缎或地花两色库缎为底，在单位纹样局部妆织圆金线或圆银线加以装饰，有富丽别致的效果，如图 1-5 所示。妆金库缎的生产机台与库缎完全一致，所有的经丝既要入范框又要入障框，在加织金钱时，有七分之一（若为七枚缎地）的经线交织于金线之上。以暗花形式表现为主，妆金线部分占比很小，故显金效果不如妆花缎好。

"金银点库缎"亦称"挖花库缎"，如图 1-6 所示。与妆金库缎织造工艺相同，也是以暗花缎为底为主，只在极少部位使用金、银线挖花盘织，但能使整件暗花面料生色不少，有画龙点睛之效。图案格式以"锦群"（"天华锦""天花锦"）居多。

　　"妆彩库缎"亦称"妆夹暗",如图1-7所示。以本色花库缎或地花两色库缎(明花)为底,在局部用彩色丝绒妆织花纹,一般是在暗花中妆彩两三种颜色,以活跃全局。

　　"诰敕库缎"亦称"诰敕神帛",如图1-8所示。诰敕指的是古代文武百官授封的圣旨,是云锦中比较特别的品种,过去由南京内织染局生产。诰敕的式样有品级的区分,五品以上官员使用的是诰,以五种色纬分段织造,正面织"奉天诰命"四个字;五品以下使用的是敕,以纯白提花绫织造,正面织"奉天敕命"。字的两旁和诰敕头、尾均织有升降龙,其余部分织有经、纬颜色不同的云纹和鹤纹经面缎。反面织造年、月、日的时间字样,两端有时会用彩花库缎辅以装饰。诰敕库缎是经面显花,组织结构与"本色花库缎"中的"亮花"相似[59]。

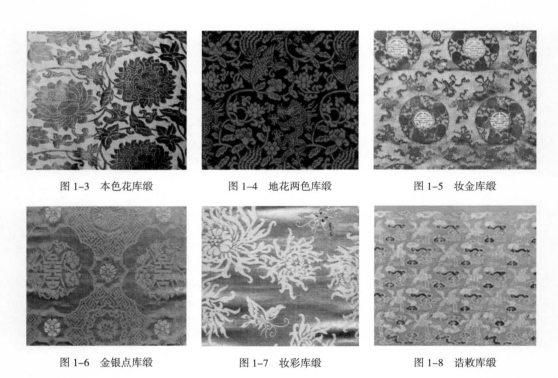

图1-3　本色花库缎　　　　　图1-4　地花两色库缎　　　　　图1-5　妆金库缎

图1-6　金银点库缎　　　　　图1-7　妆彩库缎　　　　　图1-8　诰敕库缎

2. 库锦

　　库锦是用金线和彩纬通梭织造的重组织锦缎,与库缎相同,也因织成后送入内务府的"缎匹库"而得名。库锦在织造时,会有一根经线始终压住背面的花纬,这个工艺称为"扣背"。这种工艺织造的面料厚薄均匀,平整服帖,但通梭的彩纬数量最多四五种,且只能在织完单位循环纹样后才能统一更换配色。与妆金库缎不同的是,库锦所用的金线是采用纹刀通梭铲入面料。地料组织可为绸、缎、绢、纱、绒等。库锦品类包括:二色金库锦、彩花库锦、芙蓉妆、抹梭妆花和抹梭金宝地。

"二色金库锦"，以大量金线和少部分装饰银线织造花纹，花部所占面积通常比地部面积大很多，使宝贵的金线尽可能多地在织物正面呈现，如图1-9所示。图案格式多为十四则、二十一则或二十八则的小团花。二色金库锦常用作服饰、日常实用物的边缘装饰。

"彩花库锦"亦称"彩库锦"，如图1-10所示。除采用金、银线外，还会织入多种彩绒。通常金线及彩纬采用通梭织造，彩绒部分分段换色，通幅面料用几种颜色以短跑梭循环织造各段的彩花。有些品种全部花纹用一金、一彩或二彩等多色长抛梭织造，搭配短跑梭分段换色。彩库锦用色虽不如妆花，但织品效果甚为精美悦目。面料则数与二色金库锦相同，都是小单位纹样织锦，常作服饰镶边、囊袋、锦匣、装裱装帧、家居装潢。

图1-9 二色金库锦

图1-10 彩花库锦

"芙蓉妆"因常织造"芙蓉花"而得名，图案仅用几个色块来表达，配色简单，风格雅致。用地部对比色凸显花纹轮廓，俗称"丢阳缝"。多为四则的大单位花纹，由于纹纬颜色少，织成料平整轻薄，如图1-11所示。

"抹梭妆花"亦称"织阳场"或"洋装货"，如图1-12所示，属于大纹样织物，可加金线，也可不加金线，正面通梭织彩纬以显花显色，不显花部分在背面产生浮长，也有少数采用扣背工艺。色彩搭配有"两晕"，也有"三晕"，虽然外观酷似妆花，但是这里的"妆"并非"过管挖花"的妆织工艺，抹梭妆花实则是通梭织物，纬向单位纹样所用的彩纬不可随意变化。面料相对厚实，多用作衣料、台毯、提包、琴条等。

"抹梭金宝地"是在圆金线织造的满金地上织彩花，地组织结构和织造工艺与抹梭妆花相同，区别在于，抹梭金宝地是以满金为地，而抹梭妆花是以丝织的缎组织为地。由于大量使用金线，整体外观光彩夺目，可与妆花中的金宝地相媲美，如图1-13所示。

3. 织金

"织金"亦称"库金"，即所有纹样全部采用金线织造，通匹采用银线织造纹样的"库

图 1-11　芙蓉妆　　　　　　图 1-12　抹梭妆花　　　　　图 1-13　抹梭金宝地

银"，通常也将其归属于织金大类，即织物的纬向只含有地纬和金线两种材料，属于纬二重织物。大部分织金品种的金线是通梭织造，也有少部分品种采用妆织工艺，也可称为"妆金"，但通常不再另起一类。织金根据地料组织的不同，可以分为织金缎（图1-14）、织金罗（图1-15）、织金绸（图1-16）、织金纱（图1-17）、织金绢和织金锦等。明代的织金，大多是用片金织造，质地稍薄，光泽效果较好，但不如清代捻金线织的质地厚实。传统织金以十四则的小单位纹样为主，以地部满金地勾勒出主体花纹的轮廓线条，花满地少，纹样生动立体，也有更小的十六则小花纹，常用作服饰的辅助材料，如衣边、裙边、帽边和垫边等。

图 1-14　织金缎　　　　　　　　　　　图 1-15　织金罗

图 1-16　织金绸　　　　　　　　　　　图 1-17　织金纱

4. 妆花

妆花是云锦中织造工艺最复杂、最具代表性的品种。妆花采用的是云锦独有的妆织工艺，由束综分色提花，利用卷绕着彩色丝绒或金、银线的小纬管，在局部挖花盘织图案花纹。挖花盘织具体是在提花开口部位用细小的纬管织入彩纬，等下一提花时再反向织入，其技法与"缂丝"的"通经断纬"有点相似。妆花配色自由，颜色种类可达二三十色，有"逐花异色"的外观效果，克服了以往纬锦只能分段配色形成色条的缺陷。由于采用"通经回纬"的织造方法，妆花的背面会产生许多长短不一的浮纬。根据地部组织结构的差异，妆花可以分成妆花缎（图1-18）、妆花纱（图1-19）、妆花绒（图1-20）、妆花绢、妆花绸（图1-21）、妆花罗（图1-22）和金宝地（图1-23）。花色较多的妆花织物是目前唯一未被现代机器所取代的云锦品种，其中妆花罗和妆花绸等织造工艺业已失传，最为常见的是妆花缎、妆花纱和金宝地。

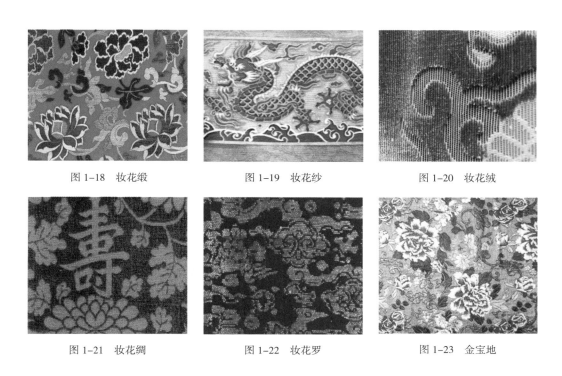

图1-18　妆花缎　　　　　　图1-19　妆花纱　　　　　　图1-20　妆花绒

图1-21　妆花绸　　　　　　图1-22　妆花罗　　　　　　图1-23　金宝地

"妆花缎"是采用彩绒、金线或孔雀羽线在缎纹地上妆织花纹的面料，是妆花最具有代表性的品种。自明代批量生产以来，以其亮丽的地色、五彩的花纹、厚实的手感、较高的牢度和较佳的保暖性获得人们的喜爱，产量一直占据云锦妆花品种的首位。纹样规格品类较多，以一到八则的大纹样居多。明代妆花缎地组织多为五枚缎纹，明末出现了七枚缎和八枚缎。妆花缎用途广泛，上可织造龙袍用料、宫廷装饰，下可用于具有一定社会地位和经济实力的文人、商人的服饰，多为匹料，也可用作帷幔、经被、伞盖、巨型唐卡等。由于妆花缎的保暖性、免洗性和艺术性非常符合蒙古族、藏族等少数民族人民生活的实际需要，其上层人士会采用妆花缎制作服饰，至今仍有一定数量的妆花缎和其他云锦品种从南京发往上述少数民族地区。

"妆花纱"根据地部纱组织差异，有两种细分品种：一种是在平纹纱组织上妆织彩纬，另一种是在绞纱地上挖花，尽管远观织物表面差异并不明显，但后者的工艺难度较前者大许多。平纹妆花纱经线密度（经密）、纬线密度（纬密）较小，在二梭地纬或一梭地纬的基础上加织纹纬，后刷胶浆将经纬固定在原有的位置。起绞妆花纱在织造时，是以二经绞纱为地组织，被绞经线以平纹规律固结，每织入一根地纬，相邻二根经线相互扭绞一次，因此经线抱合好，当纬线受到压力时，经、纬线之间不易滑移。平纹妆花纱地部平整光滑，起绞妆花纱面料结实牢固。妆花纱色彩丰富，绞地薄而透明，面料轻薄、透气，多用于夏季服饰。由于技术难度高、产量低，起绞妆花纱织物自清代中后期就鲜少生产，其工艺消失过一段时间，后在对北京定陵明代第十三位皇帝朱翊钧及皇后孝端、孝靖墓出土的起绞妆花纱龙袍复织过程中得以恢复。

"妆花绒"的地部经向起绒，由绒经包覆假织纬产生，花部由纹纬起出，纹纬一般织有金线，是起绒织物中技术含量最高的品种。过去妆花绒通常有金彩绒和织金绒两种，面料厚实，保暖性好，常用作龙床垫料或寺庙装饰等。

"妆花绢"的地组织为平纹，一般是在织完二梭平纹地后起一梭妆织彩纬，只有一半经丝用于固结彩纬的平纹交织，因此经密比较小，而经线细度用料较粗，花纹显色效果不如妆花缎。经、纬线采用染色熟丝，排列紧密，面料手感轻软，实用性较好。现存的纯平纹妆花绢织物不多。

"妆花绸"的地组织为斜纹，彩纬被一组斜纹经线固结。当地纬密与花纬密之比为1∶1时，地纬选用线密度较大的丝线；当地纬密与花纬密之比为2∶1时，地纬选用线密度相对较小的丝线。与妆花缎相比，妆花绸的地部光泽较差，通常织满花进行改善。织造时妆花部分微微凸出地组织，有浮雕质感。目前存世的妆花绸织物有三枚变化斜纹和四枚斜纹两种。

"妆花罗"以四经绞罗或是链式罗为地组织起妆花的织物。地组织的经线通体纠绞，无固定绞组，且不能用筘来打纬，只能用打纬刀或针梳类装置把纬线推向织口，结合妆织工艺，其织造难度相当大，故从宋代起产量减少，至清代末年已绝迹，至今尚无法复制。地部的孔眼均匀，花清地白，外观似妆花缎。从为数不多的传世品来看，妆花罗的面料经、纬密度高于绞纱，有些甚至接近缎组织，加上纬线较粗，组织结构稳定，手感硬挺，属于厚型丝织物。据记载，明代常用妆花罗来制作官员的补服或衣裙。

"金宝地"在满金（银）地上织造多彩的图案花纹，是"织金"与"妆花"结合的产物，有多彩显花和大面积显金的特殊效果（正面不显示经面地组织），也是云锦区别于其他织锦的重要标志之一。过去大多数金宝地及银宝地品种的纹纬采用挖花盘织，少数金宝地的纹纬用了通织法，故一般将金宝地归属于妆花大类。目前生产的金宝地满地织捻金，花纹边缘用片金线勾边，俗称"金包边"或"金绞边"，局部妆织彩绒纬线或捻金线显花，另有地纬通织。由于经密较大，加上纬线用料较粗，且通幅织入的片金线和捻金线抗弯刚度大，织成品表面粗糙，手感硬挺厚实，实际服用效果较差，但通匹金彩夺目，外观视觉效果极佳。藏族、蒙古族等少数民族常用来装饰衣领、襟边、裙角和帽边，或作为宫殿、庙宇等的装饰用料。

（二）其他云锦分类方式

1. 纬线显花方式

按纬线显花方式，大致可以将云锦分为三种：单纬提花织物、重纬通织物、重纬妆织物。前两种并非云锦所特有，因它们是在南京地区生产，用料较为精细，且经、纬密度较普通提花织物较高，质量上乘，故习惯上将其归为云锦大类。而重纬妆织物是在前两种织物的基础上，采用妆织工艺"添彩"，这是云锦区别于其他织锦的核心技艺所在。单纬提花织物有本色花库缎和地花两色库缎；重纬通织物有织金中的织金缎和织金绢等，库锦中的彩花库锦、芙蓉妆、抹梭妆花和抹梭金宝地等；妆花大类均属于重纬妆织品种，库缎中的妆金库缎、妆彩库缎和金银点库缎的局部也会采用重纬妆织工艺。

2. 地组织结构类型

按面料的地组织结构差异，大致可以将云锦分为平纹类、斜纹类、缎纹类、纬面缎（锦）类、起绞纱类和起绒类六种。平纹妆花纱、妆花绢和织金绢为平纹地织物；二色金库锦等锦类云锦为斜纹地织物；库缎、芙蓉妆、抹梭妆花、抹梭金宝地、织金缎和妆花缎为缎地织物；金宝地地组织为纬面缎织物；起绞妆花纱和妆花罗为起绞纱织物；妆花绒为起绒类织物。

———————————————

［1］戴健. 南京云锦［M］. 苏州：苏州大学出版社，2009：1.

［2］ZHANG R, LIU Q. The latest progress of the research and exhibition on the digitization of Nanjing Yun brocade colors［C/OL］//Textile Bioengineering and Informatics Symposium Proceedings（TBIS），2020：481−487.

［3］SUN Y Q. Song brocade：a rare treasure［J］. China and the World Cultural Exchange, 2013（9）：18−20.

［4］MA D K, CHENG M, ZHENG D, et al. Development of Sichuan brocade with imitating embroidery effect based on free-floats interlacing weave［J］. Journal of Textile Science and Technology, 2020, 06（1）：2739−1543.

［5］李斌，刘安定，李强. 南京云锦起源的研究［J］. 丝绸，2014，51（8）：1−6.

［6］黄能馥．中国南京云锦［J］．装饰，2004（1）：4-7.

［7］朱同芳．中华瑰宝：南京云锦［M］．南京：南京出版社，2003：2.

［8］徐仲杰．南京云锦史［M］．南京：江苏科学技术出版社，1985：18-19.

［9］金文．南京云锦［M］．南京：江苏人民出版社，2009：3.

［10］张铉．正至金陵新志［M］．南京：南京出版社，2017.

［11］徐天琦．云锦申遗，只为更好地传承（上）［J］．纺织科学研究，2012（6）：132-133.

［12］徐天琦．云锦申遗，只为更好地传承（下）［J］．纺织科学研究，2012（7）：132-133.

［13］周海燕．论南京云锦艺术的传承与发展［D］．南京：东南大学，2006.

［14］石靖敏，李银银，梁晶．浅析南京云锦艺术的传承与创新设计［J］．智能城市，2016，2（4）：284.

［15］牛犁，崔荣荣．南京与云锦文化的发展传承［J］．服装学报，2018，3（5）：445-447，451.

［16］林雨纯．南京云锦图案的传承与创新［D］．济南：山东大学，2014.

［17］易林．基于数字化技术的云锦纹样传承与创新应用［D］．长沙：湖南师范大学，2016.

［18］李舒妤．中国云锦艺术的传承与保护研究［J］．中国地名，2020（7）：74-75.

［19］金砚舒．南京云锦织造工艺的传承研究［D］．南京：南京信息工程大学，2016.

［20］戴健．云锦织物组织结构探讨［J］．丝绸，2004（4）：47-50.

［21］梁惠娥，赵阅书．传统云锦与古典宫殿建筑的色彩溯源刍议［J］．国外丝绸，2008，23（6）：28-31.

［22］徐旋．云锦织造机器人控制系统［D］．武汉：武汉纺织大学，2018.

［23］吕倩，葛幼松，张旭．南京云锦非物质文化遗产的景观再生：以中华织锦园景观规划为例［J］．现代城市研究，2010，25（5）：75-81.

［24］刘璐．南京云锦艺术在现代室内设计中的运用研究［D］．景德镇：景德镇陶瓷大学，2016.

［25］周晨路．纸刻工艺在云锦礼品包装中的应用设计［D］．株洲：湖南工业大学，2019.

［26］鲁新华．南京云锦入壶来［J］．江苏陶瓷，2010，43（4）：53-54.

［27］卞戎戎．云锦在现代服装设计中的应用［D］．南京：南京艺术学院，2006.

［28］李彦．南京云锦服饰的时尚设计初探［J］．艺海，2012（7）：73-75.

［29］曹明哲．云锦在高级定制服装中的现状分析与前景展望［J］．美与时代（上旬），

2013（9）：76-78.

［30］宋湲，刑小刚，丁佳男.云锦的传统与当代设计［J］.工业工程设计，2019，1（1）：65-70.

［31］吕品.明清云锦图案在现代服饰设计中的应用［J］.艺术科技，2019，32（9）：128-129.

［32］任可心，李雪艳.论南京云锦材质服装的艺术风格及其在当代社会生活中的运用［J］.大众文艺，2019（14）：111-112.

［33］季凤芹.传统工艺在现代服装设计中的运用［J］.艺术与设计（理论），2008（12）：202-204.

［34］罗艳.南京云锦融入现代服饰设计之探索［J］.纺织报告，2017（7）：80-82.

［35］KUANG C Y, WANG J H, ZHANG H C. Study on the application of yun brocade in modern design［C/OL］// Proceedings of 2012 2nd International Conference on Applied Social Science（ICASS 2012）. America：Lectute Notes in Information Technology, 2012：319-323.

［36］王巧，李正.南京云锦纹样及其在新中式服装设计中的应用［J］.丝绸，2019，56（5）：60-65.

［37］王燕.基于"非遗联姻职教"模式的南京云锦和莫愁中专校企合作初探［J］.职业，2016（33）：24-25.

［38］徐碧珺.云锦传统技艺在职业院校的传承与发展——以江苏经贸职业技术学院为例［J］.江苏经贸职业技术学院学报，2019（3）：39-42.

［39］蒋亚军，郭立春.南京非物质文化遗产"云锦"数字化保护尝试性研究［J］.智库时代，2017（17）：181，183.

［40］朱文强，徐子安.非物质文化遗产在民俗类博物馆中的展示设计探析——以南京云锦为例［J］.美与时代（城市版），2019（8）：95-96.

［41］王君杨，庞晓婷.产业融合视角下南京云锦品牌建设研究［J］.现代营销（经营版），2020（2）：85.

［42］喻明鑫，刘雷艮.浅析当代消费心理下云锦传承［J］.轻工科技，2020，36（6）：115-116，130.

［43］LU L. Inheritance and innovation of chinese intangible cultural heritage in modern designs：a case study of nanjing cloud-pattern brocade［J］. Journal of Landscape Research, 2015, 7（2）：29-30，34.

［44］马凌洲.计算机辅助织物创新设计与制作系统的研究与实现［D］.杭州：浙江大学，2005.

［45］DANIEL P, BONGTAE H, PETER I. High sensitivity moire-experimental analysis for mechanics and materials［J］. Springer-Verlag, 1994：208−220.

［46］张文静. 针织布料模型三维重建与仿真算法研究［D］. 天津：天津大学, 2011：13−15.

［47］马凌洲, 许端清, 陈纯. 基于网格模型的面料二维虚拟场景模拟［J］. 中国图像图形学报, 2003（18）：118−123.

［48］ADABALA N, MAGNENAT−THALMANN N. A procedural thread texture model ［J］. Journal of Graphics Tools, 2003, 8（3）：33−40.

［49］FEYNMAN C. Modeling the appearance of cloth ［D］. Cambridge, USA：Department of EECS. Massachusetts Institute of Technology, 1986.

［50］BOGDANOVICH A E. Multi-scale modeling, stress and failure analyses of 3D woven composites ［J］. JMeter Sci, 2006（41）：6547−6590.

［51］SHEN H, XIN J H. Color simulation of textiles ［M］. England：Wood head Publishing, 2006.

［52］XIN B J, HU J L. An imaging system for textile surface profile based on silhouette image analysis ［J］. International Journal of Image and Graphics, 2008, 8（4）：601−613.

［53］SCHUBEL P J, WARRIOR N A, RUDD C D. Surface quality prediction of thermoset composite structures using geometric simulation tools ［J］. Plastics, Rubber and Composites, 2007, 36（10）：427−438.

［54］JIRI, MARTIN. Evaluation of patterned fabric surface roughness ［J］. Indian Journal of Fibre and Textile Research, 2008，33（9）：246−252.

［55］SARA A M, SIAMAK S. Surface roughness evaluation of textile fabrics ［J］. Journal of Engineered Fibers and Fabrics, 2014, 9（2）：1−19.

［56］丁一芳, 诸葛振荣. 纹织 CAD 应用实例及织物模拟［M］. 上海：东华大学出版社, 2007.

［57］王克毅. 德国 EAT 公司大提花织物设计软件介绍［J］. 国外纺织技术, 1998（4）：44.

［58］CHAI J, CUI R R, NIU L. Study on the technological process and artistic characteristics of ancient Chinese Zhuanghua silk fabric［J］.Fibres and Textiles In Eastern Europe, 2021, 29（4）, 105−111.

［59］管静. 南京云锦的传承与发展研究［D］. 苏州：苏州大学, 2018.

第二章 —— 云锦材料要素

传统云锦用料考究，常用的织造材料包括蚕丝、金线和孔雀羽线等。在云锦代表品种妆花面料中，由于织造特征不同，面料组成部分对材料的类型、制备、规格和性能要求也不尽相同。独特的妆织工艺使云锦的纬丝有花、地之分，即面料由经线、地纬和花纬（色纬、纹纬或绒纬）构成。一部分经线与地纬交织形成经面缎地，另一部分经线与局部妆织的花纬交织形成图案纹理，如图2-1所示。

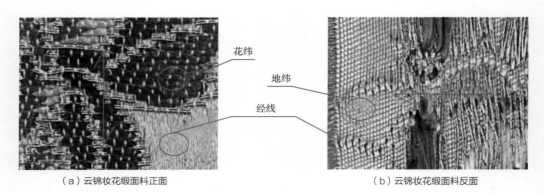

（a）云锦妆花缎面料正面   （b）云锦妆花缎面料反面

图2-1　云锦妆花缎面料正、反面示意图

随着现代材料学的发展，现代云锦出现了新的织造材料。本书在这里将中华人民共和国成立后的云锦织物定义为现代云锦，现代云锦在织造材料、组织结构、图纹色彩、织造工艺、织造机器等方面与传统云锦存在一定的差异。笔者通过实地考察南京云锦研究所、南京锦绣盛世云锦织造有限公司、南京金箔博物馆、南京手工金线制作工坊等多地，对现代云锦材料要素进行完善和补充。

第一节　蚕丝

蚕丝是云锦的主要原料，其丝线纤细光滑、光泽优雅、手感柔和、强度高。蚕丝具有优良的弹伸性和耐磨性，非常适合织造。蚕丝是天然纤维中的高档纺织材料之一，被誉为"纤维皇后"，其纺织成品亲肤、柔软。云锦是熟织物，面料织造完即为成品，所有的真丝原材料需要在织造前进行练染加工，织后不再染色或印花，只有极少数的特殊品种，在成品下机后用敷彩工艺进行局部的绘色加工。云锦用蚕丝规格多样，颜色丰富，有的用作经线，有的用作地纬，也有的用作花纬。

一、云锦用蚕丝特征分析

云锦用蚕丝以桑蚕丝为主体织造材料，由于织物组织结构及用途不同，传统云锦所用的桑蚕丝品类有生丝与熟丝两种，二者的差异体现在脱胶率与纱线线密度等方面。生丝由丝素和外围的丝胶组成，手感硬挺粗糙，光泽差。熟丝通过精练脱去表面的丝胶，手感柔软，光泽柔和。

（一）传统云锦用蚕丝

云锦织造用的经丝要求强度高、匀度好、耐磨性强，故采用脱胶率较高的熟丝。从文物分析来看，在传统的云锦品种中，经线的规格变化不大，一般均以无捻或弱捻的独股熟制染色细丝为主。过去云锦用经线采用土丝缫制方法，由三缕五六茧的多股染色细丝构成，线密度在4.7tex左右，但线体粗细不一，匀度不佳，织造时在较细的薄弱处容易断头，后加工时捻度小、均匀性未能改善，尤其在脱胶染色后，单丝易分散，在织造过程中丝线在筘中因摩擦易断裂[1]。基于经线强度要求，过去对机房的温、湿度控制要求非常严格，以减少摩擦静电的产生，降低断头率。

分析云锦织物组织结构特征发现，云锦大部分品种的地纬线仅在织物背面显现，对强度和耐磨性没有特殊的要求，因此地纬材料一般用料较粗，也可根据用途选用生丝或熟丝中的一种。生丝又分为肥丝和粗丝[1]，肥丝由15~18茧（9.3~11.2tex）的两缕丝制成，线密度为8.9~10tex；粗丝由12茧或13茧（7.5/8.1tex）的三缕丝制成，线密度约11.1tex。生丝延伸性较好，但耐磨性一般，生丝地纬织造的云锦手感相对粗糙，布面硬挺，风格似麻。脱胶后的熟丝较生丝纤细柔软，染色性、固色性好，织出的云锦光泽更佳。在古代，高档的云锦服饰品多用熟丝地纬，而用于室内装饰或民间作坊生产的云锦匹料则采用生丝或初练丝[1]（脱胶率小）。

传统云锦花纬所用蚕丝为较粗的熟制色丝，俗称"丝绒"[2]，亦称"色绒"，是云锦妆花类面料显花的主体材料之一。妆花的地纬密度与花纬密度之比约为2：1，为达到较好的覆盖性，花纬丝绒的线密度要大于地纬。故云锦用丝绒的特点是无捻或弱捻，线体经过特殊锤制，丝线柔软、蓬松，在织物中具有较大的分散性和较好的覆盖性。云锦花纬与普通提花织物常用的加捻花纬相比，首先用丝量一定程度上减少，其次是无捻并合再经精练，丝纤维分散粘连，有利于后续顺利络丝。丝绒的规格变动范围较大，妆花缎常用的丝线线密度为27.8~55.6tex，具体按品种要求和纬密大小确定。

（二）现代云锦用蚕丝及其衍生材料

通过市场调研发现，现代云锦主体材料仍以桑蚕丝为主，随着纺织材料的发展，也出现了替代桑蚕丝的化学纤维。妆花类面料花纹是通过多种颜色的纬管小梭局部妆织而成，但采用大花楼机手工织纬日产量较低。为了提高生产效率，云锦简单品种采用剑杆织机通梭织造，而云锦妆花面料同一纬向可有十几或二十几种色纬，需同时抛梭数十次，若采用丝绒材料，花纬丝绒用量增加，会导致生产成本提高。为了解决这一问题，花纬丝绒采用黏胶人造丝替代，如图2-2所示，其纺织成品外观风格与图2-3的真丝云锦相近，同时黏胶的韧性、耐用性及抗静电等理化参数优于桑蚕丝[3]，满足了云锦织造要求。然而为达到"逐花异色"之效，剑杆机引纬织造的妆花面料背面会产生数十条通幅堆叠的背浮线，面料整体厚重，只能制成展览用挂件或屏风等。而手工引纬依据"绒不过指，金不过寸"的妆织工艺要求，面料背面会产生1~3层的纬浮线，整体厚度在0.20~0.95mm，可作为服装服饰面料。另外，市场上还存在一些"类云锦"面料，花纬材料为涤纶、氨纶，如图2-4所示，可以看出面料肌理、手感及光泽均不如真丝。

图2-2 花纬为黏胶人造丝

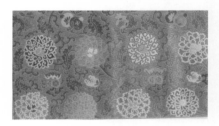

图2-3 花纬为丝绒

图2-4 花纬为涤纶、氨纶

二、云锦用蚕丝制备工艺特征

由于丝线在面料构成中的作用不同，其制备工艺各异。经线对强度、匀度和耐磨性要求较高，传统云锦经线通常采用手工缫丝，蚕丝经分绞、精练、染色、络丝和整经等工序，制作工艺精良。妆花缎为经面织物，故对地纬丝线脱胶率要求较低，仅需分绞、精练或初练、染色、络丝、并丝和摇纬等工序，部分低档品种无精练工序，采用生丝即可。花纬丝绒需具备一定的覆盖性，为无捻或弱捻，通常在普通熟丝制备的基础上，还需增加一步锤练工艺，使丝身松散成绒[4]。但丝绒较大的分散性也导致丝线间相互粘连，容易产生静电，在绞丝工艺的翻丝工序时还需对其进行上油处理，方便后续加工。

现代云锦用桑蚕丝原料均采用现代化的丝织准备工艺，整体自动化程度提高，具体制备工艺如图2-5所示。为了提高丝线的强度和耐磨性，降低断头率，现代云锦经线桑蚕丝的制备增加了单捻、复捻工艺。地纬的加工步骤没有变化，但随着蚕丝脱胶技术水平的提高，丝线脱胶率有所提升。花纬丝绒取消了绷光工序，精练与染色实现同步进行。其中丝线染色以化学染色为主，既提高了染色色牢度，又提高出产效率[5]。

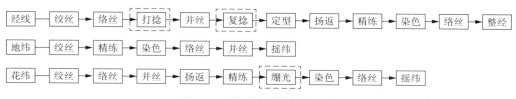

图 2-5 现代云锦用蚕丝制备工艺

采集现代云锦妆花缎常用的8款蚕丝样本，分析了试样构成和基本参数。线密度测试方法采用测长称重法，测试结果如表2-1所示。由于复合丝线加捻方式及现代脱胶工艺，经线熟丝线密度小于传统用料（4.7tex），两者差值约为1.2tex。总体而言，地纬生、熟丝规格较传统云锦用料更加丰富，材料品类根据图案纹理或用途确定丝线构成及线密度。丝绒规格与地纬相配伍，二者线密度之比约为2:1。

表 2-1 现代云锦用部分蚕丝试样规格参数

编号	纱线类别	熟丝/生丝	纱线组成	线密度/tex
1	经线	熟丝	复丝/2	3.5
2	地纬	熟丝	复丝/5	18.2
3	地纬	熟丝	复丝/4	15.0
4	地纬	生丝	复丝/2	32.4
5	地纬	生丝	复丝/4	19.6
6	花纬	熟丝	复丝/n	40.3
7	花纬	熟丝	复丝/n	41.4
8	花纬	熟丝	复丝/n	29.5

注 试验仪器为YG086绞纱测长仪、Y802八篮恒温烘箱等，卷绕张力为（0.5±0.1）cN/tex，烘干温度为（140±5）℃，烘干时间为2h，质量精确到0.001g。

第二节 金属线

传统云锦用金属线以金线为主，部分品种采用银线。中华人民共和国成立以来，随着纺织多元文化的交融及冶金技术的普及，合金制造的金属线在云锦中开始出现，现代云锦用金属线在品类、形态结构、制备工艺和特征等方面也有一些新的变化，且出现了外观似金线却非金属材质的类金线等新型材料。下面主要对云锦主流用金线及其衍生材料进行介绍。

一、云锦用金线特征分析

（一）传统云锦用金线

传统云锦用金线的分类方式大致有两种，一是按金银配比，二是看外形结构，具体分类如表2-2所示。

表2-2　传统云锦用金线分类

分类标准	一级分类	二级分类		特征
金银配比	真金线	九九金		金和银配比 以含金量命名
		九二金		
		八八金		
		七七金		
		……		
	仿金线	药水金线		纯银材质
外形结构	片金线	切片式片金线	无褙衬	金箔切片
		有褙衬片金线	有褙衬	动、植物基材
	捻金线	浑金线	无褙衬	金粉涂抹
		表面金箔线	无褙衬	金箔碎料
		金属片式捻金线	无褙衬	切片式片金
		洋金线/合金线	无褙衬	切片式片金
		有褙衬捻金线	有褙衬	动、植物基材

1. 用金量分类

传统云锦所用的金线由金和银按一定比例配制而成，根据含金量的不同，金线有七七金、八八金、九二金和九九金等[1]，表现出的色泽为淡黄、铜黄及赤黄色不等，因含金统称为真金线。另一种是由纯银制成的仿金线，又称"药水金线"[1]，为了提高自身的价值，使银线外观呈现金黄的色泽，借助硫黄和木香暗燃的烟经熏制而成。银仿金线的外观与真金线相似度高，肉眼难辨真伪，在云锦业发展兴盛的明清时期，主要由民间作坊生产。但由于银暴露在空气中太久容易氧化变黑，由药水金线织成的云锦服饰穿着时间久易产生陈旧感，给衣物保养带来困难。

2. 外形结构分类

从外形结构上来说，传统云锦最常用的两种金线是片金线（扁金线）和捻金线（圆金线）[5]，如图2-6（a）、图2-6（b）所示。根据金箔是否黏附褙衬，又可细分为无褙衬片金线、有褙衬片金线、无褙衬捻金线和有褙衬捻金线[6]。褙衬基材主要有动物和植物两种，动物基材一般指动物皮或肠薄膜，如薄羊皮等[7]，植物基材为竹纸或桑皮纸等纸基。纸质基材根据构成差异又可分为二合纸和七合纸，分别由两张和七张毛皮纸叠加锤制而成。七合纸较厚，为片金线背纸，二合纸质感较柔软，为捻金线基材[8]。

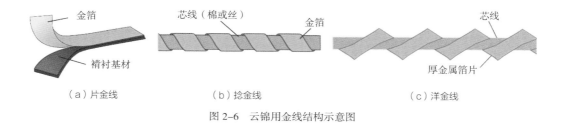

（a）片金线　　　　　　（b）捻金线　　　　　　（c）洋金线

图2-6　云锦用金线结构示意图

片金线是将金箔直接切成细丝或黏附于褙衬后切制的条状物。传统云锦用无褙衬片金线，亦称切片式金线，是早期云锦织金较常用的类型，因线体强度较低，织造或使用时易断裂，多用于局部装饰[6]。有褙衬片金线线体的强度和韧性增强，金箔用量减少，金线制作成本降低[9]。受云锦门幅（约78cm）限制，有褙衬片金线长度主要有63cm和80cm两种规格，分别用于金宝地与妆花缎品种，单根片金线宽度多为0.05cm[10]。

传统捻金线有两种，一种是将金粉或金箔通过黏合剂黏附于纱线表面形成的线型，另一种是将片金线螺旋缠绕至芯线表面形成的复合线型。用金粉制成黏稠颜料涂抹于芯线外侧的捻金线又称作浑金线[11]，元代的织金品种曾用过。将金箔片碎料直接黏附于纱线之上的为表面金箔线[1]，南京地区曾生产过，是云锦传世品中极为少见的一种捻金线。受表面黏合剂黏合效果的限制，这两种金线易脱落。复合线型无褙衬捻金线也有两种结构，金属片式捻金线[12]在唐代丝绸织物中大量应用，其芯纱不外露，光泽鲜亮，线体饱满圆润，所织造的云锦纹样立体感强，图案生动。而洋金线[1]在清末时期由国外传入，合金材质，又叫合金线。洋金线采用较厚的无褙衬片金与一根等长的丝线加弱捻复合制成，呈现半包覆形态，芯线暴露多，表面不平滑，手感粗糙，光泽差，如图2-6（c）所示。洋金线颜色分为仿金色和仿银色两种，大多出现在金宝地和银宝地及同时期的大洋花妆花缎的品种上，可在故宫博物院收藏的康熙、乾隆时期的金宝地品种中看到它的身影。有褙衬捻金线所用的片金较窄，宽度为0.35~0.4mm。为了增强片金与芯纱之间的抱合力，捻金线选用摩擦力大的棉或丝线作为芯线，以1~5股居多[1]，片金宽度一般与芯纱细度成正相关，芯线颜色依据底料进行染色。

（二）现代云锦用金线及类金线

1. 现代云锦用金线

表2-3为现代云锦用金线分类。通过调研发现，根据是否用金，现代云锦用金线仍分为真金线和仿金线两类。与传统分类不同的是，现代真金线多有褙衬，而仿金线泛指不含真金的金线，且不包括药水金线，共有两种：一是基于传统金线制备工艺，改用铜箔等合金材料制作的片金线，二是涤纶仿金生产的捻金线，无褙金基材。仿金线是普通云锦的主要用线，真金线用量不及仿金线。

表2-3 现代云锦用金线分类

分类标准	品类	特征	
是否用金	真金线	金和银配比，以含金量命名，有褙衬	
	仿金线	传统金线制备工艺，铜箔等合金材质	
		非传统金线制备工艺，涤纶材质	
外形结构	片金线	有褙衬	七合纸或竹制牛皮纸
	捻金线	无褙衬	多为涤纶仿金材质
		有褙衬	二合纸或竹制牛皮纸

外观结构仍是片金线和捻金线两种，但金线褙衬不再使用动物基材。由于二合纸和七合纸的制备工序繁杂，除了复织云锦传世品等高质量面料仍在使用外，低档真金线或仿金线的金箔褙衬均被一种类似牛皮纸的竹制纸基所替代，如图2-7所示。传统金线褙衬表面似蜡质感，光泽性好，柔软度高，耐用性好。二合纸、七合纸、现代金箔褙衬厚度排列顺序为二合纸＜现代金箔褙衬＜七合纸。

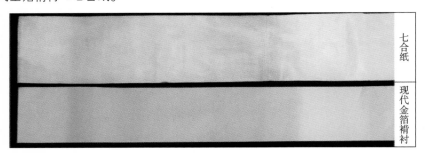

图2-7 金箔褙衬对比

2. 现代云锦用类金线

现代云锦用类金线不再局限于传统的金属材质，目前云锦市场上能见到两类金线：彩色条状线和皱金线（表2-4）。类金线主要是模仿金属线的光泽感，在光源下呈现出炫彩夺目的外观效果。彩色条状线与片金线外形均为片状，二者均是由现代高分子化学工艺制备的有机材料，是一种彩色薄膜，无褙衬。皱金线，也叫闪光金丝线，外观与捻金线相似，也没有褙衬。

表2-4　现代云锦用类金线

品类	特征
彩色条状线	无褙衬，非传统金线制备工艺，外观似片金线
皱金线	无褙衬，非传统金线制备工艺，外观似捻金线

二、云锦用金线制备工艺特征

当前由于金线种类减少，现代云锦用金线的制备工艺由繁变简。片金线的手工剪裁方式被机器所取代，生产效率提高，次品率降低。金箔褙衬基材实现了批量生产，但性能有所减弱。用于黏合金箔与褙衬的鱼胶也被化学胶水取代，但制成的金线熨烫耐受度降低，湿态下金箔极易脱落。而类金线的制备方法更为简单，但由于缺乏金属的质感美，在云锦方面的使用量并不是很多。与现代云锦用金线及类金线的制备工艺相比，传统云锦用金线的制备工艺相当复杂，其制备过程包括金箔生产工艺和金线工艺流程两个部分[10]，具体的制备流程图如图2-8所示。

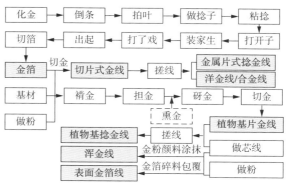

图2-8　金线制备流程图

（一）金箔生产工艺

金箔的制作可分为十个步骤[10]。首先高温熔化质量为50~100g的金、银混合体[13]（化金）；按比例混合倒入模具中（倒条）；冷却后形成金条，进行多轮捶打后获取厚度约0.01mm的金叶（拍叶），再将其分割成128份；取分割后的金叶多次对折裁成16枚小捻子（做捻子）；用手将捻子粘入开子纸的中心位置（粘捻）；再用牛皮纸绷紧后捶打形成金开子（打开子）；后移至面积约为金开子面积的4倍的家生纸（装家生），一种可重复利用的乌金纸上；继续捶打，三万锤为一个循环（打了戏），制成金线用薄金箔；再用鹅毛挑起金箔置于毛太纸上（出起）；最后用切箔器将金箔切至方形以备使用。无褙衬片金线或捻金线所用金箔厚度要大于有褙衬金线，制作工艺略有差异。

（二）金线工艺流程

传统云锦用金箔褙衬动物基材的制作尚不明确，植物基材在明代开始出现[14]。纸质基材通常选择质量上乘的竹制毛边纸裁剪成条状，经沸水烫熟后用石条按压至水分蒸发，再用木槌捶打，制成褙金基材，即二合纸和七合纸。采用红粉、白土、菜籽油和骨胶等材料"做粉"，这里的"粉"是将金箔粘在基材上的胶水[10]，常称作"鱼胶"。将方形金箔有序排列粘在刷过胶水的基纸上（褙金）；金面向外悬挂晾干（担金）；若制备药水金线，需预先进行熏金；再用砑金工具加工至表面光亮（砑金）；然后用切金刀将砑好的金纸切成0.2~0.6mm宽的金丝（切金）；即可获得有褙衬片金线。有褙衬捻金线的制作则需要选取合适的芯线，再经搓捻、摇线完成。切片式金线直接由金箔切丝制成，浑金线和表面金箔线制备工艺前文已述，此处不再赘述。

三、金线与类金线特征对比

为了对云锦用金线及类金线有一个更清晰的认识，本书通过市场调研，列举一些典型的实例样本作详细说明。从外观形态来看，具体包括片金线、捻金线及类金线；从纱线材质来看，主要涉及真金箔、合金箔和涤纶箔片。

图2-9展示的分别是传统片金线（九九金）与现代仿片金线（合金材质），均有褙衬。经测量，一纸九九金片金线规格为2.69cm×86.2cm，两端面头长度分别为3.7cm、4.3cm，实际幅长为78.2cm，经纬密度为22.3根/cm，单根片金线宽约0.45mm；一纸仿金线规格为3.17m×70cm，两端面头长度分别为3.3cm、4.6cm，实际幅长为62.1cm，经纬密度为22根/cm，单根片金线宽约0.45mm。从色泽上看，真金为金黄色，仿金呈铜黄色，颜色较暗，规格上与传统片金线基本一致。

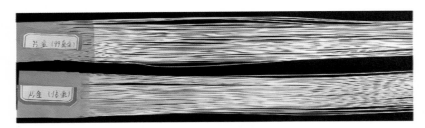

图2-9　片金线对比分析图

图2-10和图2-11分别为传统有褙衬捻金线（九九金）与现代无褙衬仿金捻金线（涤纶）放大结构图，放大倍数为50。由图可以看出九九金捻金线呈哑光深黄色，金箔表面粗糙，光泽感不及仿金，所用片金宽度较大。按定长制线密度公式计算，测得九九金、仿金捻

金线线密度分别为66.7tex和28.1tex，后者细度约为前者的一半。

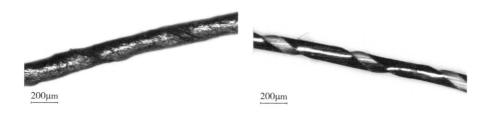

图2-10　九九金捻金线结构图　　　　图2-11　仿金捻金线结构图

图2-12是一种彩色条状线，线体宽度较小，约0.25cm。图2-13是皱金线，与传统云锦用金线制备工艺的差异在于，它不是将薄膜螺旋缠绕至芯线表面，而是将条状薄膜与芯线以加捻的方式相互拧绞缠绕。与仿金捻金线相比，皱金线线密度更小，约22.6tex，而与传统金线相比，虽然外观形态相似，但丢失了金属独有的材质美，主要用于一些低档的云锦面料品种或一些仿云锦面料。

图2-12　彩色条状线

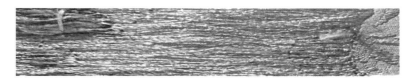

图2-13　皱金线

采集目前云锦市场上常见的几种真金、仿金线和类金线织造的云锦妆花缎面料实物。图2-14（a）和图2-15（a）分别为传统真金片金线和捻金线，含金量99%。图2-14（b）和图2-15（b）分别为现代仿金片金线和捻金线，前者采用传统金线制备工艺，金箔为合金材质，褙衬为竹制牛皮纸；后者金箔为涤纶材质，无褙衬，加之所用芯线线密度小于真金线，故通常将两根并作一股进行织造。图2-14（c）为新型的彩色条状线，颜色多样。图2-15（c）为皱金线，是现代云锦中常见的一种类捻金线。芯线外漏面积大，仿金薄膜遇光产生镜面反射，纱线细度小，也是两根并作一股织入面料。从整体风格上评价，真金线织造的面料通体金光宝气，庄重威严，具有皇家气派；仿金线织成料整体偏银黄色，光泽柔和、优雅；类金线织造的面料失去了金线的材质美，视觉上很廉价。从外观形态上来看，由于金线本身抗弯刚度大，立体性好，织入面料后线体一般保持原始形态。

 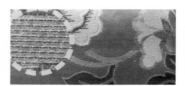 

（a）真金片金线　　　　　　（b）合金仿金片金线　　　　　　（c）彩色条状线

图 2-14　部分金线织成品对比图 1

（a）真金捻金线　　　　　　（b）涤纶仿金捻金线　　　　　　（c）皱金线

图 2-15　部分金线织成品对比图 2

第三节 ▶ 孔雀羽线

　　除了蚕丝、麻、毛、棉等常规天然纤维可用作纺织材料外，一些鸟兽羽毛线也在纺织品中大放异彩。我们的祖先很早就将鸟兽羽毛用于纺织品中，起初是在其他纺织材料供不应求时，将飞禽羽毛用作替代材料，直到汉以后，这种特殊材料才被挖掘作为华贵服饰的主面料或辅料。《南齐书·文惠太子传》记载："织孔雀毛为裘，光彩金翠，过于雉头远矣。" 意思是，用孔雀羽线制作的裘服比一般飞禽类羽毛的显色效果要好。在古典文学名著《红楼梦》中就有晴雯补孔雀裘的故事，晴雯所补的孔雀裘正是由孔雀羽毛制织而成的袍服。孔雀羽线是云锦最具特色的纱线，以孔雀羽线为装饰用线，也彰显出云锦的别具一格。目前其他种类的禽鸟羽毛线在云锦中鲜有见到，究其原因，一是受羽毛规格限制，不易制成纺用纱线，二是受物种保护影响。目前少量云锦作品中使用了鸵鸟毛，如北京人民大会堂收藏的中华人民共和国成立60周年献礼《万寿中华》[15]，其中仙鹤的白色羽翼采用的就是该种羽毛。

一、孔雀羽线的制备

　　孔雀羽线的制备工艺在近代业已失传，1958年，北京定陵出土了明代万历皇帝的云锦妆花纱龙袍，在龙袍复织过程中，采用三维视频显微系统放大80倍观察，经反复研究才还原了孔雀羽线的制备工序[16]。孔雀羽线的原材料来自新鲜脱落的孔雀尾羽[4]。孔雀羽毛颜色以亮绿、翠绿、紫褐和青蓝色为主，并带有一些金属光泽，如图2-16所示。与传统裘皮类服装不同，云锦用孔雀羽线并非将羽毛直接织入面料，而是将光泽较好、规格相近、较完整的翠绒与丝线或金线搓捻而成，再经摇纬成线。捻合方式有四种，即孔雀羽和单股芯线捻合、孔雀羽和两股丝线捻合、孔雀羽与金线捻合、孔雀羽与丝线捻合再与金线进行复捻[16]。当前以第一种捻合方式居多，加工方法与捻金线相同，以一股较细的绿色丝线为芯线，用纺锤加捻的方法将羽毛一根接一根地捻合在芯线上。但翠绒较短，加工难度大，生产效率较低。卷绕好的孔雀羽并不能直接进行纺织，还需要置于锅中高温蒸煮以定型，方便后续织造时的顺利退解，同时也能起到杀菌、防蛀的作用。

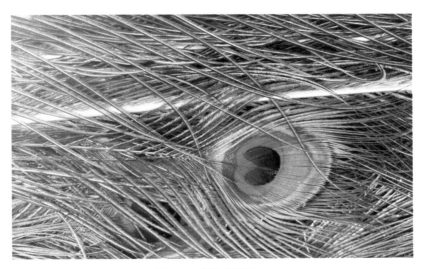

图2-16 绿孔雀尾羽

二、孔雀羽线的特征

孔雀羽线不易发生炭化，颜色可以持久艳丽，且没有色差，这与孔雀羽线的颜色成因有关。孔雀羽线实物图及局部放大图如图2-17（a）和图2-17（b）所示，从图中可以看出孔雀羽翠绒的单纤维表面分布着规律的横向条纹，这种周期结构是羽毛显色的关键，依靠自然光与波长相似结构的相互作用产生颜色，而不是色素[16]。翠绒单纤似金属质感，且有暗、亮面之分，当光线直射时，其独特的光子晶体结构会使颜色发生变化[17]，有"转眼看花花不定"之效，这解释了不同观察角度下孔雀羽线呈现棕、紫、蓝、绿、黑等多种色彩[18]的原因。孔雀羽线与金银线配合织造，使云锦织物金翠交辉，赋予其宝石般的多彩光学效果。翠绒与芯线螺旋缠绕，致使孔雀羽整体结构呈不规则的放射状，芯线颜色与翠绒颜色相近。由于手工搓捻，孔雀羽翠绒单纤维卷曲杂乱、竖立蓬松，经测量，样本芯线细度约为18.9tex，羽毛丝直径范围为0.3~0.5mm，线体外轮廓直径为2.5~4.3mm。采用孔雀羽线织造的云锦面料，纹理立体生动，有明显的高花效应，如图2-17（c）所示。

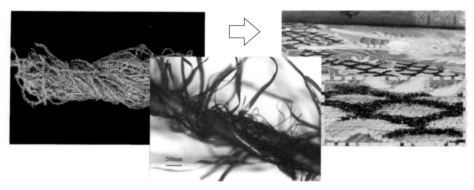

（a）孔雀羽线实物图　　　　　（b）孔雀羽线局部放大图　　　　　（c）孔雀羽线织成品图

图2-17　孔雀羽线

［1］戴健. 南京云锦［M］. 苏州：苏州大学出版社，2009：1.

［2］钱小萍. 宋锦的研究与传承［J］. 丝绸，2015，52（1）：1-7.

［3］戴济晏，徐伯俊，张洪，等. 黏胶仿真丝织物的服用性能测试与分析［J］. 丝绸，2017，54（1）：9-14.

［4］金文. 南京云锦［M］. 南京：江苏人民出版社，2009.

［5］金砚舒. 南京云锦织造工艺的传承研究［D］. 南京：南京信息工程大学，2016.

［6］胡霄睿，于伟东. 从金丝的起源到纺织用金线的专门化［J］. 纺织学报，2017，38（11）：116-123.

［7］DOROTHY K B. Warp and weft［M］. Toronto：Royal Ontario Museum，1980.

［8］张道一. 南京云锦［M］. 南京：译林出版社，2013.

［9］路智勇，惠任，韩淑敏. 三组明清织物装饰捻金线的技术分析与比较研究［J］. 文物保护与考古科学，2017，29（4）：36-44.

［10］李佳. 南京云锦·金文［M］. 深圳：海天出版社，2017.

［11］周迅，高春明. 中国衣冠服饰大辞典［M］. 上海：上海辞书出版社，1996.

［12］路智勇. 法门寺地宫出土唐代丝绸用金装饰工艺研究［J］. 考古与文物，2015（6）：110-120.

［13］杨军昌，张静，姜捷. 法门寺地宫出土唐代捻金线的制作工艺［J］. 考古，2013

（2）：97-104.

[14] JENIFER H. Textile 5000 years［M］. London：British Museum Press, 1993.

[15] 王鑫. 南京云锦在室内环境设计中的应用研究［D］. 南京：南京林业大学，2017.

[16] 王允丽，房宏俊，殷安妮，等. 故宫藏"孔雀吉服袍"的制作工艺——三维视频显微系统的应用［J］. 故宫博物院院刊，2009（4）：149-154, 163.

[17] 张清悦，吕浩，赵秋玲，等. 孔雀羽毛不同色区的色彩分析［J］. 光谱学与光谱分析，2013，33（3）：632-635.

[18] 陈恒. 霓裳羽衣——探寻织绣中孔雀羽线的秘密［J］. 江苏地方志，2018，4（5）：78-79.

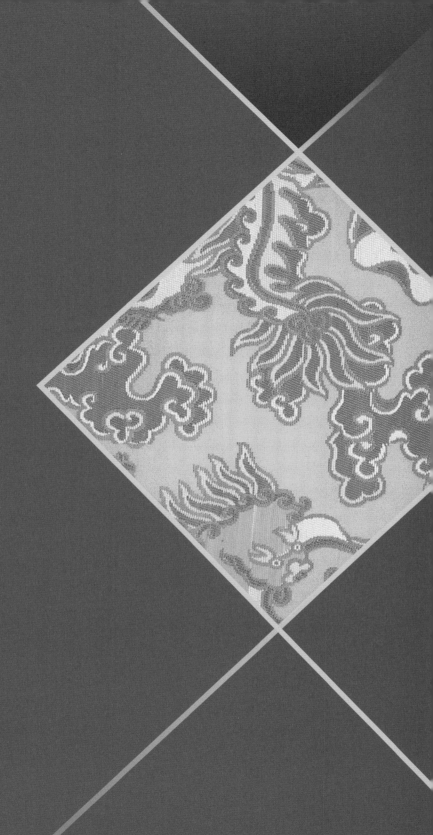

第三章 ——

云锦织造要素

第一节 ▶ 面料组织结构

　　库缎、库锦、织金和妆花都有着各自独特的组织结构❶，图3-1~图3-3是云锦几种简单品种中典型的组织结构图。

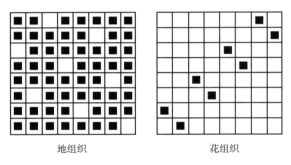

地组织　　　　　　　　　　花组织

图 3-1　暗花库缎组织结构图

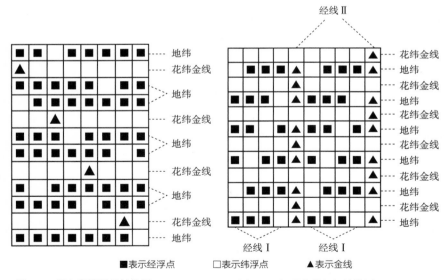

■表示经浮点　　　□表示纬浮点　　　▲表示金线

图 3-2　织金库缎组织结构图　　　　　图 3-3　织金库锦组织结构图

❶ 程胜奇.传统云锦与现代织锦在织物纹样与组织结构方面的比较研究［D］.杭州：浙江理工大学，2017.

库缎一般为单经单纬、经面缎地、纬面起花织物，有的品种局部加织一组金银线或花纬而形成局部重纬组织。常见的有五枚经面缎地、三枚斜纹纬显花，另外，还有八枚经面缎地、变化八枚纬缎显暗花，以及七枚经面缎地、七枚纬面缎暗花的品种。库缎的地组织还是以八枚三飞经面缎为主，暗花库缎地组织为经面缎纹，花组织则为纬面缎纹，如图3-1所示；亮花库缎与之相反。如有局部妆金（妆金库缎），妆花部分的纬向定为二梭地纬（来回梭）一梭盘金。库锦的地组织一般为缎纹和斜纹等，显花的纬线有二重、三重、四重、五重或六重不定。织金通常是在库缎或库锦组织结构的基础上加入金线织造而成。图3-2展示的是织金库缎（织金缎），地组织为八枚五飞经面缎纹，花纬与地纬之比为1∶2。图3-3展示的是织金库锦（织金锦），地组织为3/1↗斜纹，花纬与地纬之比为1∶1，有两组经线，经线与间丝之比为4∶1。

妆花的组织结构最为复杂，地组织可以是单经单纬，也可以是双经多纬，而花组织为重纬组织，严格来讲，不同的图案花纹对应的组织结构不同，而地部缎纹比较固定。传统云锦代表品种妆花缎的缎地组织有五枚、七枚和八枚不等。根据经、纬线交织方式差异，妆花缎常见的六种复合组织结构如图3-4所示。其中图3-4（a）～图3-4（f）的地组织分别为五枚二飞经面缎纹、五枚三飞经面缎纹、七枚二飞经面缎纹、七枚四飞经面缎纹、八枚三飞经面缎纹和八枚五飞经面缎纹，对应的花组织分别为五枚三飞纬面缎纹、五枚二飞纬面缎纹、七枚四飞纬面缎纹、七枚二飞纬面缎纹、八枚三飞纬面缎纹、八枚五飞纬面缎纹，其中地纬与花纬的比均为2∶1。五枚、七枚和八枚妆花缎的花纬金线的浮长分别由十枚、十四枚和十六枚间丝点控制，显花组织的间丝点分布规律决定了面料表面纹理的斜向角度。

（1）五枚妆花缎：五枚妆花缎以五枚缎为地组织，妆花组织是隔一空一的经丝固结妆织彩纬。五枚缎组织要求固定纹纬的经线在间丝固结点的上下交织点均为经组织点，同时要求经线与纹纬交织点跨度长，对纹纬压迫小，纹纬滑移性大，覆盖性好。明定陵出土的织金妆花龙缎直身龙袍料、织金妆花缎十团龙龙袍、织金妆花云龙纹柿蒂型袍料等均为五枚妆花缎品种（图3-5）。

（2）七枚妆花缎：七枚妆花缎只含一组经丝，也属地结型品种。七枚妆花缎基础组织为七枚缎地，局部以十四枚变化间丝点织出一组彩绒纬或金银线纬来显花和包边。从七枚妆花缎地部结构图（图3-6）、七枚妆花缎花部结构图（图3-7）可以看出，地组织用七枚缎，地纬（俗称隔纬）与彩纬（纹纬）比为2∶1，因此彩纬和地纬的用料要求不同。彩纬材料要求粗且蓬松性好，地纬材料则相对细，使立体空间能实现一梭彩纬覆盖二梭地纬的效果。经线织七枚缎的同时，有一半经线要和彩纬交织，这种操作会导致花部和地部的经丝间交织点数不一致，经丝的伸长也不一致，但由于真丝具有较好的延伸性，伸长率达百分之十五至百分之二十五，因此对织造没有明显影响。此外，七枚缎在织物组织结构的配合方面与五枚缎一样，在纹纬的经固结点上下处必须为经组织点，以减小经固结点对绒纬的收缩压力，

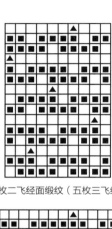

（a）五枚二飞经面缎纹（五枚三飞纬面显花）

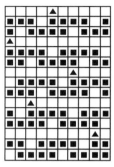

（b）五枚三飞经面缎纹（五枚二飞纬面显花）

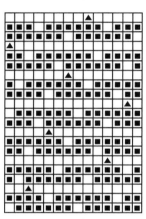

（c）七枚二飞经面缎纹（七枚四飞纬面显花）

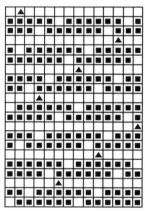

（d）七枚四飞经面缎纹（七枚二飞纬面显花）

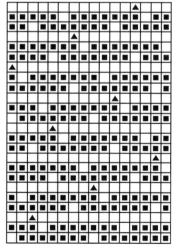

（e）八枚三飞经面缎纹（八枚三飞纬面显花）

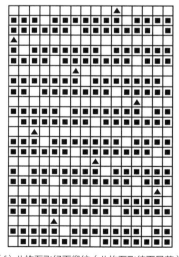

（f）八枚五飞经面缎纹（八枚五飞纬面显花）

图3-4　妆花缎的典型复合组织结构示意图

使绒纬从容地浮于前后相邻的地纬上，以体现绒纬优良的器盖性。这种地组织与花组织的配合是区别妆花缎内在质量高低的重要因素之一。因此，地组织与插入的花组织之间的配合是七枚妆花缎的造机秘籍。实现正确组织结构的关键在于经线穿入范框和障框的工艺，以及脚杆与障子和范子连接排列的工艺。由于地组织相对厚实，花和地的组织结构不同，纹纬与经线交织点稀少（普通妆花缎大约每厘米10个固结点），纹纬浮于地，从而产生一定的高花效果，使织物具有立体感，在不同角度光线的作用下，产生不同的显色效果。与五枚妆花缎相比，七枚妆花缎由于交织点跨度较大，在相同条件下，经密通常大于五枚妆花缎，纬密也比五枚妆花缎要大。

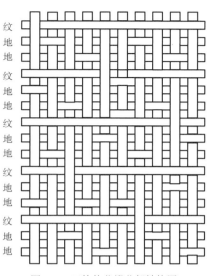

图 3-5 五枚妆花缎花部结构图

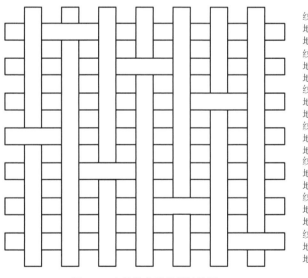

图 3-6 七枚妆花缎地部结构图

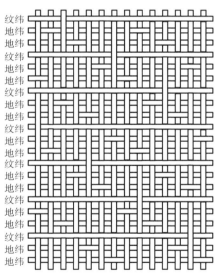

图 3-7 七枚妆花缎花部结构图

（3）八枚妆花缎：八枚妆花缎以八枚经面缎为地，十六枚变化纬面缎为花，地纬和纹纬共24根，构成一个完整的组织循环，交织规律比七枚缎更复杂。八枚妆花缎在组织结构上也存在花地组织的配合问题。通过观测传统样品发现，与七枚缎相比，八枚缎经丝规格和经密范围基本一致。不同之处在于大多数八枚缎地纬用料较细，常采用练熟染色蚕丝，因而厚度小于七枚缎，成品的柔软性、服用性较佳。通常八枚缎的经线浮长大于五枚缎，地部的光泽效果也更好。八枚缎也是地结型妆花品种,只有一半的经丝参与纹纬的交织。只是织造时提范下障的配合更加复杂,一个组织循环的周期更长(图3-8~图3-10)。

图3-8 绿地三多勾莲牡丹纹织金妆花八枚缎   图3-9 八枚妆花缎地部结构图

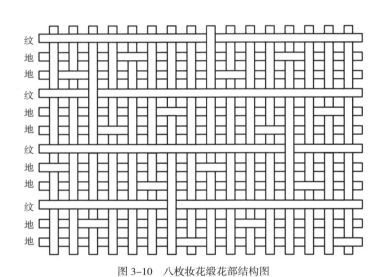

图3-10 八枚妆花缎花部结构图

(4)特接经配置妆花缎:特接经配置妆花缎是锦中的特结型品种,其甲乙经比例为4:1,甲经(地经)与地纬交织成八枚五飞经面缎纹地。同时,乙经(结经也称特接经)与挖花绒纬以1/3斜纹交织,显示出多彩纬花的效果。借用仿宋锦双经织造工艺的双经妆花缎品种,其织造工艺在历史上未见记载,现实中也已失传。专家推测,设乙经作彩花纬的固结交织,其目的可能是减少甲经的不均匀伸长(由图案的不均匀分布及隔一空一穿经法导致间丝点不均匀分布),从而使织品表面更平整;另外,乙经材料比甲经细,颜色较浅,与花纬交织时对花纬颜色的影响最小。

(5)妆花纱组织结构:妆花纱分为两种地组织,一种是难度较高,在绞纱地上起妆花彩纬，另一种则简单地在平纹地上挖织彩纬。乍看表面效果相差不大，实质上内在质量完全不同。平纹妆花纱经纬密较稀疏，经线穿筘时，二经同穿一筘齿后空出一齿，有意形成经线的不均匀排列，在二梭地纬或一梭地纬后以挖花妆彩织法加织纹纬，织后再加刷胶浆以固定经纬原有的位置。

真正的妆花纱以二经绞纱为地组织，在妆花部位插入彩绒纬丝或金（银）线，用绞经线按照平纹规律固结彩绒纬丝。每织入一根地纬，相邻两根经线互相绞转一次。由于织物经线的抱合性好，纬线所受压力大，经纬线不易滑移，因此妆花纱具有轻薄、透气的优良性能。大多数妆花绞纱品种实测经密只有30根/cm左右。由于两根经线相互绞转成为紧密的一组，所以实际是15组/cm，纬密只有15根/cm左右。妆花纱地部露有方格状的空隙，透明度极大，妆花部分色彩突出（图3-11）。

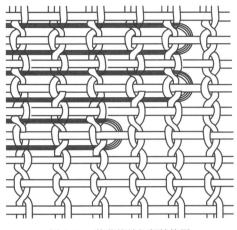

图3-11 妆花绞纱细部结构图

（6）妆花罗组织结构：罗，又称四经绞罗或链式罗，经线通体纠绞，无固定绞组。罗本身织造工艺就非常复杂，只能用打纬刀或针梳类装置把纬线推向织口。妆花罗还需要加上妆花的盘织工艺，织造难度就更大。因操作工艺复杂，生产效率低下，妆花罗自宋代起产量减少，通常，罗的经纬密度要高于绞纱品种，尤其是经线密度，远远高于绞纱。此外，罗使用的纬线较粗，因此罗属手感硬挺的中厚型丝织品（图3-12、图3-13）。

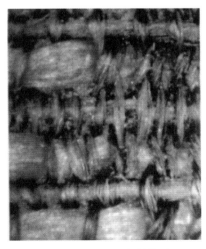

图3-12 妆花罗细部结构图

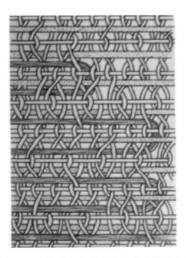

图3-13 扁金线和色丝显花的妆花罗结构图

第二节 织造工序

传统云锦制作工序有数十道，核心工序主要包括设计图整理、意匠图绘制、挑花结本、装造机器、材料准备、小样试织和大样生产等，从设计到生产需云锦传承人、纹样设计师、意匠师、挑花工、造机师傅、拽花工和织手等多人合作完成。随着计算机技术及机械自动化的发展，现代云锦已实现半自动化制作。

一、设计图整理

云锦是技术与艺术的结合体，其结合点在于一幅适合云锦花楼机织造的设计图。从技术层面来讲，并非所有图案都能用云锦工艺表达，所以要对初始设计图进行整理，获取符合云锦机器及织造工艺的单位纹样设计图，是现代云锦纹样设计的首要环节。

影响设计图整理的限制因素有三个：第一是图案的像素，也就是纹样的细腻程度。从第二章可知，云锦面料由经线、地纬和花纬三部分组成，纹样的呈现要符合经纬线交织的方式。对于妆花织物而言，面料的纤密（即大纤密度）与花纬密度影响织造花纹的"像素"，纤密和花纬密度数值的增大，可使面料花纹更加精细。但纤密、花纬密度均有上限，纤密过高，会增加手工提花的负荷；花纬密度过高，会降低织手的工作效率。第二是图案的配色。尽管云锦的妆织工艺可以在同一纬向织入几十种颜色，但单位纹样的花纬颜色不宜过多，否则也会降低产量。普通妆花缎约用七种颜色，高档妆花缎配色可高达二十几种。第三是图案的布局。妆花缎构图粗犷，单位纹样的构成要适宜，对于局部多个小面积纹样可进行合理归并，也可将面积较大的单一区域进一步拆分。

现代云锦产品初始设计图由客户提供设计思路或成图，图片可用 PS 或 AI 等软件绘制，图片格式可以为 jpg、bmp 和 png 等格式。由于图片的像素非常高，若以云锦的工艺织成面料，织成品与初始设计图必然有差异。因此需要征求客户意见，对原始设计图进行整理，调整云锦无法表达的细节。由于中国古代传统宫廷画师缺乏对透视角度、阴影关系等的了解，传统云锦图案设计内容均为二维图像，通常花清地白、锦空匀齐，但是随着西方绘画艺术的影响，现代云锦除了不加改进地仿制团龙等图案外，其构图也向现代画的方向发展，画面有相对较大的空地，有虚与实的对比，有远与近的层次感。云锦图案素材来源也出现了大量的写实题材作品，色阶过渡更加细腻，用色向素雅发展，更符合自然规律。另外，"仿油画"和"人物画"等新型风格也不断涌现。可以说现代云锦图纹（指图案和纹样）素材越来越广，图纹风格多变，更加迎合现代社会的审美和流行趋势。

二、意匠绘制

意匠绘制是云锦织造工艺中的关键步骤，是将整理好的单位纹样设计图转换成云锦织机能够识别和织造的图纸。

（一）传统意匠绘制

传统意匠绘制是在意匠纸上绘制图案花纹。具体来说，意匠就是对适合织造要求的图案和用色进行转化，使之符合工艺规格要求，可以被技术语言读出的图稿。其原理是对图案进行细分，以经向为纵坐标，纬向为横坐标，一根或一组纹纬占一条横格线，一根纤线对应的一根脚子线（花本上对应的经线）占一条纵格线，在经纬交叉的小格内根据图案需要填以色彩。但意匠色彩并不是成品的最后用色，仅仅是区别彼此的代用色，意匠对应的是提花位置和提花顺序。丝织提花品种具有大图案、多色彩的传统特色，尤其是云锦妆花缎的意匠设计没有勾边条件要求（可自由勾边），对用色数、块面大小等工艺限制不严。从技术上讲，云锦的意匠填制要求并不高，难点在于花满、色多、规格大，对图案艺术方面的要求更高些。

一般来说，意匠稿尺寸远大于图案设计稿，填制意匠的第一步就是要根据整理后的画稿，用铅笔按比例在意匠纸上勾画出线条图，这个过程称为放样。放样要忠于原图案稿，不能有变形。云锦意匠上常用的填制技法主要有走迹、平涂、泥点、对卡等，其中走迹在意匠中最难，一般是用基于意匠纸上放样留下的铅笔轮廓线，用黑色标记色绘制，形成舒畅、饱满、圆润的一道黑色轮廓线，故也称"走黑"。在织成品中，对应的表达是用金线或银线织出的勾边部分，是云锦这类高档重纬品种特有的艺术表现手法。云锦走迹常采用双包边，如构图空间允许用三根金线或更多根金线包边，可以使图案风格更为粗犷大气。平涂就是色彩的表现，用于区分不同颜色的区域，即除了黑色外，其他铲次用色彩区别明显的颜色来填制，一小格只能填入一种色，以备挑花时的区分。因此，意匠色和成品色是不同的，意匠色是工艺上的分色，以区分拽花的位置和先后顺序；成品色是织手在拽花位置织入的彩纬色。

第一，技术方面，意匠含有无数的纵横格线，在填制意匠之前要选定意匠规格。所谓意匠规格，实际上就是像素点纵横比例关系，一般织物经密和纬密是不同的，正常按照经纬密度之比来确定意匠规格，而云锦这种复杂组织的意匠规格是以纹纬密度和大纤密度之比来确定的。第二，要确定经格数和纬格数。如果是单幅图案，经格数就是大纤数，如果是多则图案，经格数就是大纤数除以则数。纬格数是按照纹纬密度和图案的长度来确定的。第三，根据艺术的要求和技术的限制确定铲数。铲数和织造时的用色数是两个概念。铲数是云锦妆花意匠专有的一个概念，从原理上来讲，拽手拽一次花，织入一种色彩的纹纬，在两组地纬之间，有多少色就要起多少次开口；但在实际操作中，为了提高织造效率，要尽可能地减少开口次数，而织入的颜色数不能减少，所以在意匠上，要尽量找出在开口时没有冲突的不同色块，将这样的色块合并，合并后意匠稿上剩下的用色数称为铲数。因此，在一次拽花开口的不同部位，织手就有可能织入不同的色纬，这样的配色和分色要求织手脑勤手快，理解铲次内的分色用色和铲次间的分色用色，最后才能形成色彩丰富的妆花产品。好的意匠要使铲次数尽可能少，而织造时可以配用的色尽可能多。第四，意匠稿完成后要标明作品名称、经格数、纬格数、铲次，共用几铲，铲次的先后顺序，为后道的挑花结本做准备。习惯上妆花意匠的第一铲为黑，代表金线依次为白、红、黄、蓝、绿等，其中包括相应的晕色。绿色在花卉图案中多为枝叶，通章不脱铲，故习惯上置于最后，织手织到绿色即知满铲，便可开始织地纬了。人们常说好的意匠"能为画工传神、为织工设相"设计者要懂意匠技法，意匠者要理解图案艺术，因此"艺"和"匠"是同样重要的前后工序，两者缺一不可。

真正传统的云锦制作是没有现代意义上的意匠填制这道工序的。在清代卫杰《蚕桑萃编》的《花谱》卷中对挑花纸格法有较详细的记载："取花样需用五道纸张：自己想出时新者，画出为式；第二道，照式画好；第三道，择画工好样式并四镶安置玲珑者，套画一张；第四道，用底纸粘放花样，大小合适；第五道，用薄亮细纸，将花样描画干净，然后打横顺格式，用铅粉调清凉水，使笔全抹一通，方免纸格伤眼。候粉干，用红绿洋膏子色，记明号码，方好挑取。其横顺格一格为一片，即是一空，空有大小多少不等，以此数结成横格者，梭数目也。一切起花，皆在梭数横顺上分辨。"前四道工序是关于图案创作和图案整理的，第五道工序相当于如今的意匠填制，不过清代是先画好图案再打纵描格子的，格子相当于意匠，只是放大比例不如现代的意匠稿大，对应的一格线条并不一定是一根纹纬或一根脚子线，有时是对应了多根纹纬或脚子线，清晰度尚不够高，要求后期挑花人员有更加娴熟的技艺。另外，传统工艺与现代意匠稿一样，同样需要确定纵横线的数目。算清经纬丝线比，从而使挑出的花本用于织造时织物的图形不会变形。

（二）现代意匠绘制

现在的意匠图在CAD软件中绘制，可直接联机打印，如图3-14所示。云锦业常用的意匠绘制软件源于浙大经纬计算机系统工程有限公司开发的纹织CAD View60、CAD V5.0和JCAD系统等。

在意匠图中，每一行横向意匠格代表一根花纬，每一列纵向意匠格代表一根大纤，单个意匠格的底宽与纵高的比为意匠比，即单位纹样的花纬数与大纤数之比。意匠格以8×8个小格构成的大格为一个单

图3-14　意匠图

位，以便后续挑花。为了便于理解，本章以 JCAD 系统和 CAD View60 为例进行阐述。

1.JCAD 系统

将经过整理的单位纹样设计图输入软件，根据客户对面料品质和构图的要求，确定单位纹样的意匠图参数。参数设置的原理是在保证设计图原始尺寸比例不变的条件下，降低设计图的像素，使像素宽等于单位纹样织成料的大纤数，像素高等于单位纹样织成料的花纬数。具体参数设置输入端口如图 3-15 所示，"经线数"代表"单位纹样大纤数"（普通纹织物代表单位纹样经线数），"纬线数"代表单位纹样花纬数，"经线密度"代表大纤密度（普通纹织物代表单位纹样经线密度），"纬线密度"代表花纬密度，"最大经线数"代表单位循环大纤总数（普通纹织物代表单位纹样经线总数），"最大纬线数"代表单位循环花纬总数，其余参数一般为默认。单位纹样参数值决定了花纹表达的细腻程度，相关参数的确定需由云锦意匠师与客户进行沟通，提前预设面料适用的机器类型、面料的则数和面料经纬密等工艺参数。

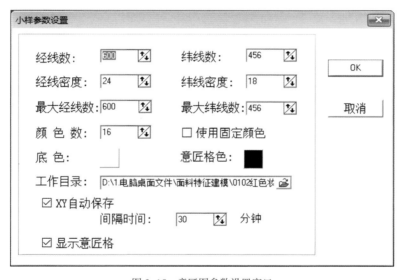

图 3-15　意匠图参数设置窗口

对于设计图转换成意匠图的细节处理，需采用工具栏中的"扫描"功能。由于输入的设计图是真彩色设计图，需要对图纹进行"选色"和"分色"。需要注意的是，意匠图中颜色一般用来区分不同类型的纹样，所以选择的颜色可以是设计图的原色，也可以设置新的颜色。设计图在参数设置后，分辨率降低，纹样的边缘和交界处会出现新的杂色或模糊色，如图 3-16（a）、图 3-16（b）所示。为了方便后续处理，"选色"最好避开这些位置，手动选择设计图内部原色，然后进行"分色"，得到图 3-16（c）。之后选择合适的"勾边"类型调整纹样轮廓和尖角处的曲线流畅度，最后根据设计图原稿调整纹样细节。

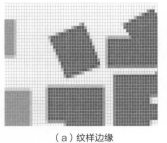
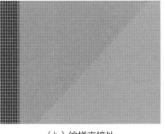
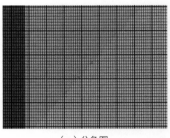

| （a）纹样边缘 | （b）纹样交接处 | （c）分色图 |

图 3-16 意匠填色过程图

在实际织造过程中，还涉及"铲数"的概念，把几种可以同时织入面料的彩纬区域进行合并，俗称"并铲"。该工艺是在一次提花开口的不同区域织入不同色彩的花纬，既减少了提花的次数，又不影响花纹的生成。因此，单位纹样意匠图的用色数还需要根据并铲的原理进行调整，对同时提花开口的区域更换相同颜色，与实际织造时所用的花纬纱线用色数不一定相同，并铲后的意匠图应用于挑花结本工序或电子提花。

2.CAD View60

除了自动分色获取意匠图外，还可以利用一些工具绘制意匠图，以 View60 软件为例，常用的工具依次为自由笔、任意多边形、橡皮筋、曲线。

（1）自由笔 ：点击"自由笔"图标，在调色板中选取颜色，设置工具栏中的参数，进行绘图操作。自由笔的笔宽和笔高数值范围为 1~48。根据意匠的经密/纬密比例，在笔宽/笔高两参数中输入任一参数，另一参数随意匠比例改变。例如，某意匠经密 64，纬密 28（意匠比 2.29∶1），则程序自动将笔宽调整为 2，笔高调整为1，若笔高输入为 3，笔宽自动调整为7。点击起始点，按住左键拖拽鼠标画出希望的曲线，在结束点松开左键即可（图 3-17）。

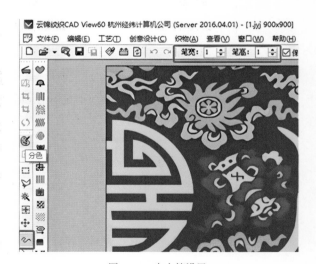

图 3-17 自由笔设置

（2）任意多边形 ：①任意多边形：在需要的多边形的第一个点处点击鼠标左键开始，放开左键拖拽到第二点处，继续拖拽到下一顶点处，双击鼠标右键或按下［Ctrl］键点击鼠标左键、回车键结束，完成多边形绘制。②自由笔多边形：点击起始点，按住左键拖拽鼠标画出希望的曲线轮廓，双击鼠标右键或按下［Ctrl］键点击鼠标左键、回车键结束绘制。

（3）橡皮筋 ✎：点击"橡皮筋"按钮，调色板选色后，左键确定曲线开始位置，拖拽线到结束的位置再点击左键，然后随意移动鼠标（两点成一线，并调节弧度成曲线），当曲线满足要求时，重复上述操作，单击右键完成曲线绘制。"橡皮筋"参数工具条复选可调整选项则可对橡皮筋绘制出的曲线进行调整。调色板选色后，左键定曲线开始位置，拖拽到结束的位置再点击左键，然后在线外随意移动鼠标，可调整曲线方向（两点成一直线，可多次调整弧度并成一曲线，通常调整两次），在线上点击可增加节点，当一条曲线满足要求时点击右键，重复上述操作，最后单击右键（［Ctrl］+左键或回车键）完成曲线绘制。

（4）曲线 ✎：点击"曲线"按钮，在调色板中选取颜色，设置工具栏参数（同自由笔）进行绘图操作。点击起始点，可拖拽出起点的控制线，点击下一点并通过调整锚点两侧的控制线调节弯曲方向和弯曲程度（图3-18）。如果下一段曲线要和前面光滑连接，重复以上操作。点击［ESC］键、回车键或右键结束操作。

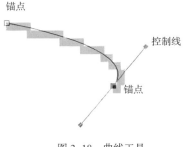

图3-18 曲线工具

三、挑花结本

（一）传统挑花结本

传统云锦织造所用的花本是用结绳记录的方式存储意匠图的色彩和纹样信息，编制花本的过程称为"挑花结本"，是连接意匠图与面料织造之间的重要桥梁。

花本是挑花操作的依据，花本根据意匠图挑制而成，一个花色品种对应一本（一组）花本。过去所有的大提花织物均要用到花本，而云锦的花本最为庞大，也最为复杂。云锦挑花结本包含有三个工艺，分别为挑花、倒花、拼花。其中，挑花是基本工艺，倒花和拼花是辅助工艺，视情况需要加以运用。它可以把花纹图案和色彩的信息记录下来，并在以后的拽花操作中得以释放。实际上花本是一种以经纬线的交织规律为手段，对纹样和色彩进行储存的过程。它要把纹样按织物的具体规格要求，计算"分寸秒忽"，将纹样在每一根线上的细腻变化表现出来，使图案过渡到织物上去时有一个可操作的载体。花本中的经线（俗称脚子线）代表意匠上的纵格，花本中的纬线（俗称耳子线、过线）代表意匠的横格，脚子线数与纵格数相同，耳子线数由横格数和铲数来确定。

挑花有一个专用的设备称为挑花架（挑花绷），古代常用的挑花架是一长方形竖架，上横梁一根，以吊挂花本缰绳和耳子线，下横档两根，使基架结实，左右两侧竖有立柱，下方用斜撑固定，上部用来拴花本脚子线。挑花架的宽度决定花本的长度，小型的有2m宽，用来挑制暗花和多则的小花型花本；大型花本架的宽度是小型的数倍，用来挑制大花型妆花等品种。挑花之前要把脚子线按顺序均匀整齐地排列在挑花架上，脚子线的一端直接拴在立柱上，另一端分为数组，活拴在走马竹上，其目的是调节在挑制过程中由于脚子线伸长得不均匀而引起的线的松弛或紧绷。既可以按组梳理脚子线，也可以总体调整走马竹所在位置，使脚子线始终保持一定的张力，以利于挑花操作。在花本脚子线的两头还编有一组绞线，每绞转一次夹入一根脚子线，绞线能使一根根脚子线间隔均匀，排列整齐。脚子线的上方系有一根较粗的横线，即缰绳，缰绳穿入打好把的耳子线，以备挑花时随时使用。脚子线的下方拉有明线，以确定所挑花的铲次。挑花钩是挑花的专用工具，用竹片制成，两头削成薄而圆的形状，以便在脚子线中穿过，其中一头还要削出钩型，以便夹带耳子线。挑花操作时先要把标有纵横格的图案稿固定在挑花架上，心中明确图稿上的一横格对应的是哪几根脚子线，一纵格应该挑几梭，一梭内含有多少铲。挑花的技法和技巧很多，大体上由右面起花向左面挑制，挑花钩由下方明线开始向上分铲挑色，本铲色的脚子线挑在钩前，其他色的挑在钩后。第一铲挑金最为重要，妆花纹样都用金线包边，所以金线实际上是花纹的轮廓线，是决定图案艺术美的关键，挑好金后再填彩。有的是铲次顺序挑制，有的是一梭次顺序挑制，也有的是细细挑出间隔数梭以后的花纹，再对照左右推算出中间的尺寸。挑花方法虽有不同，但原理相通，主要凭挑花艺人的丰富经验"随画量度，算计分寸"，用小小一竹片钩子，挑起脚子线，引入耳子线，完成编结，结成花本。

清朝还有一种卧式的挑花方法，在《蚕桑萃编》中有记载："用坚细木四条，两长两短，宽约一寸五分，厚二寸。两长头两端凿眼，贯以短横条，中空，长三尺六寸，宽一尺八寸。上横条锭圆竹钉十颗以挂纤线，下横条钻十圆眼，以穿纤线。作衡木板领之，傍左长条里，逗走马竹一根，以穿过线。外用筘二张，以分上下。"脚子线的一端挂衢脚，在挑制时每一根脚子线无论花多花少，其张力是恒定的，脚子线之间不会出现松紧不一的现象。这种方式比上述脚子线定长式的挑花方法有所进步。看起来挑花架不大，经向较短，好在过去的花本用丝线作脚子线，相对现代的棉线脚子线要细很多，一个同样长度的花本可以容纳更长的图案，就是小尺寸挑花架也可以应付相对较大的图案。如果图案太长，分成两段挑制后，可以在后面的倒花、拼花过程中实现相连图案的连接。

（二）现代挑花结本

现代挑花常用的是一种平卧式挑花架，常用丝线（脚子丝）作经线，一根脚子线对应嵌入梳形筘（上开放筘）的一齿内，每八齿空一齿，一般一个挑花架可以均匀排列300～600根脚子线，一根脚子线对应意匠稿中的一纵格，意匠稿的纵格数就是脚子线数。脚子线的长度取决于图案的长度和铲数及纬密，凭经验一次性牵好并固定好。除了脚子线作经线外，云锦中多彩品种特别是妆花品种离不开"明线"。意匠稿上有多少铲次就需要安排多少根明线，一根明线对应意匠稿上的一铲。因为妆花图案在经向的各处并不一定是满铲的，用明线可以告诉拽花工和织手所在部位是哪一铲、正确的铲数是多少和缺少哪一铲，便于后期织造的顺利进行。意匠稿固定在筘齿前方的滚筒上，每挑完一横格转动滚筒前进一格，紧接着挑下一组铲次（特殊品种还要挑地色）。挑花的纬线常用棉线材料（耳子线）。挑花前先将耳子线制成2m左右的长度，每8根为一束，两端对齐后对折成16根，在距对折顶端3cm处打一个结，形成一个套圈（俗称"耳子把"）；然后把缰绳穿在套圈内，缰绳是平行于脚子线的粗绳，所有的"耳子把"统一穿在缰绳上。耳子线的根数约为意匠图上的纵格数乘以色彩场数的积，有少铲的地方耳子线数相应地要减少。把准备好的意匠图、脚子线、耳子线、明纤和缰绳按一定的要求装上挑花绷子，每一个绷子再备上竹制的挑花钩若干。挑花时用右手执钩，根据明线代表的颜色，依次自右向左看意匠图上同一色彩的纬线起止位置，对照相应的脚子线起止位置，将其范围内的脚子线分段全部挑起，俗称"见色挑色"。位于挑花钩上面的脚子线对应被拽起的纤线，对应提起的经线，对应织入的色纬区域。明线和缰绳分别位于脚子线两侧，按顺序挑起一根代表色彩场次的明线，依明线标记的色彩场次顺序将本梭各场次挑引完耳子线后，再挑下一梭。如果一梭内有七铲色，则要挑引七次才算完成一梭。达到一定数量后把挑花钩引向后方，再取侧面缰绳上的备用耳子线一根，勾在挑花钩子上，抽出钩子，把耳子线引入脚子线，使脚子线和耳子线交织，交织的规律就是挑花钩挑出的规律，一根接一根的耳子线被带入脚子线就形成了花本。挑完意匠图上的一大格，即8梭后将所引入的耳子线集成一束在尾端打结，一结称为一局，以备后面拼花及出现差错时核对。一局对应8梭，在织造时也是控制纬密的依据，因为妆花常用纬密为16梭/cm，所以两个局就是1cm。在织造龙袍等拼接形的高档品种时，要求按照纬密做记号，再测量出每个记号的距离是否是1cm，以保证织出的花纹不会变形。挑制完成后，将花本下绷进行梳洗整理，还要标上名称和规格。制成的花本实例如图3-19所示，将其置于妆花织机上，便可进行织造。

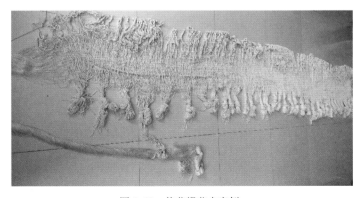

图3-19 妆花缎花本实例

手工挑花及花本编织已可被现代电子提花龙头装置所取代，织造速度是传统方式的2~3倍。在纹织CAD软件中，可基于并铲后的意匠图，进行组织设计和纹板制作。通过网络或其他通信装置将纹板信息输入电子提花设备，进而实现机械提花。

四、机器装造

（一）传统织机

传统云锦采用花楼机进行织造，机型有小花楼和大花楼两种，两种机器在拽花位置、牵线结构和操作方式方面有差异。小花楼机装造比较简单，适用于织造花纹简单的云锦种类，如二色金库锦。大花楼机是妆花类品种织造的专用机器，也可织造结构简单的云锦面料。为提高云锦织造效率，已出现云锦全自动织造机器和改造后的大花楼机。

1. 小花楼机

小花楼机（图3-20）是在早期花楼提花机基础上发展形成的一种更为高级的提花机。它的特点主要体现在三个方面：①实现了纤线花本的多耙分花（分耙是由原来单组纤线变成多组纤线），这是织造更大纹样的关键性进步，从而大大提高了花本的横线数，其量至少可提高10倍以上。②实现了多耙吊式装造，即在同一织物门幅内重复数个相同的纹样，包括对称的重复纹样，主要是运用

图3-20 小花楼机

"衢盘"来进行的"分花"。将纤线分为二节，上节为"丈纤"，下节为"衢盘线"，中间由活的"丈栏"连接，上面"丈纤"耙数不等，下面"衢盘线"是几花不等，都可以活拴在"大栏"上，使原固定的1:1成为任意的不等排列。同时丈纤位置因适应盘分花，发生90°旋转，从对面转为侧面，形成小花楼机特有的侧拉提花结构。③实现了独立的花本挑花，纤线分耙后，在纤面上直接挑花的可能性减少，促进了花本在机下独立制作，然后上机，与大纤兜连，将花本分段传递到分耙大纤上。花本工艺的发展，既促进了小花楼机工艺的完善，也为大花楼机更大花本的出现创造了有利条件。❶

2. 大花楼机

大花楼机机身长560cm、高400cm、宽140cm，堪称世界手工纺织业中机型最庞大、结

---

❶ 程胜奇.传统云锦与现代织锦在织物纹样与组织结构方面的比较研究［D］.杭州：浙江理工大学，2017.

构最巧妙、技艺最神秘的机器，是云锦织造乃至丝绸织造业的重大发明。在织造过程中，需由坐在花楼机上方的一名拽花工和坐在下方的一名织手相互配合，如图3-21所示。

图 3-21　大花楼机（云锦研究所）

大花楼机根据装造的大纤数差异，可分为多种机型：头号妆花机器、二号妆花机器、三号妆花机器……其中头号妆花机器的大纤总数高达2300~2400根，用于织造纹样细腻、质量上乘的面料。普通妆花的大纤总数基本在1800根左右，每一根大纤中装配几根经线，根据大纤总数与经线总数进行合理均匀分配。通常妆花的经线数在11000根左右，经密及大纤密由织机可织造的面料门幅决定，现代应用最多的门幅规格是78cm。云锦妆花缎的地纬密等于花纬密的二倍，而为了降低织造难度，一般情况下，花纬密小于或等于纤密。

花楼机配备了三种引纬工具，包括手织梭、纹刀和过绒纬管，分别用于织造地纬、片金线和彩色丝绒（包括捻金线）。手织梭是一般常见的引纬工具，将卷绕地纬线的小纬管置于梭子内部进行投梭。纹刀是片金线的专用工具，将片金线置于纹刀肚中进行投梭。绒纬管是缠绕彩色丝绒或捻金线的工具，在需要织入花纹处提花形成开口，过对应的绒纬管，可随意更换，是云锦独树一帜的妆织工艺，俗称"通经回纬"或"挖花盘织"。

妆花的地组织结构由织机上的"范子"决定，若是七枚缎，就装造七片"范子"，每隔六根经线提起一根，形成向上开口，手织梭过地纬，形成七枚经面缎纹。花纬表面对应的间丝点由所装造的"障子"决定，单位循环内的经线数量为地组织缎纹枚数的二倍，即每隔十三根经线提起一根，形成向下开口，过纹刀或绒纬管，与花纬交织形成十四枚间丝点。

（二）现代云锦织机

1. 全电子提花机（电机缎/剑杆缎）

电子提花机开口在融合了现代微电子技术和电磁、光电技术的基础上，与纺织CAD系统和新型机械机构相结合，达到高速无纹版提花的目的，这在一定程度上提高了劳动生产率和产品质量。其中，电子提花控制部分的设计方案以通用微型机或工控机作为控制主体，用磁盘文件、网络文件等形式的数据来源以适应不同织造环境要求，研制相应的接口电路读取提花信息和产生时序信号，并把提花信息驱动后发送至提花龙头，实施提花控制。

电子提花控制系统可以分为以下八个部分：提花信息磁盘、主机、控制接口、断电记忆缺口、界面板、提花驱动卡、集成电源、传感器。提花信息磁盘是用来存放提花信息的。主机可以实现提花信息、发讯盘信息、故障信息的读取和运行人机管理系统。对于提花信息的处理与变换需要用到控制接口。断电记忆接缺口可以进行技术管理信息和生产统计信息的长期储存。界面板可以传输提花信息，同时起到保护硬件的作用。提花驱动卡可以控制选针提经。集成电源采用分散供电，固体电源方式对提花龙头进行供电。传感器可以采集各种故障信号。

全自动织机是电子提花龙头提花，剑杆装置引纬，已经实现了云锦普通品种的生产，如库缎、库锦等。

2. 改良大花楼机（手工缎）

由于全自动电子提花机采用的是通梭织造方式，为控制面料厚度，纬线颜色数存在限制。改良大花楼机是将电子提花龙头安装在大花楼机上，由纹板信息控制提花开口，花纬仍采用传统手工引纬方式，是云锦妆花类品种专用机器。目前应用该机器的云锦织造公司不多，仍以传统纯手工织造方式为主。

五、小样试织

由于云锦在图案花纹处采用断纬工艺，花纬丝线颜色由设计图控制，织手在织造过程中也可进行二次创造，所以纬线规格及颜色不受限制。目前，尚未见到有开发针对云锦妆花类面料的布面外观模拟功能的专业软件。现有的纹织CAD软件通过意匠绘制、组织输入和纹板设计功能可实现普通提花织物的布面仿真效果，但生成的云锦意匠图仅仅用于控制提花开口。图中的纹样颜色经过合并，与设计图或实际布面效果存在差异。经实地走访调研，纹织CAD软件设计者表示，当云锦妆花缎花纬数不多于八色时，以单经多纬复合组织结构将云锦断纬形式转换成通纬形式，即可模拟成料的纹样效果。然而，改造的组织结构已经不再具备云锦妆花缎组织的特征，在此基础上生成的纹板信息与实际提花开口设置不匹配，且模拟效果有待考证。

织物外观模拟功能的缺乏使云锦设计织造存在很多不确定的因素，因此在大样正式生产前要进行小样试织。此环节涉及材料准备工序，关于丝线的品类、制备、特征和选用第二章已做详细介绍，此处不再赘述。小样的试织用于检查装造的机器是否正常运行，核对织造材料的分类、规格和颜色，核验面料的质量和花纹的表达效果。当面料效果不符合用户要求时，需不断地调整织机构造、材料选择和意匠表达，直至符合客户需求为止。试织周期根据具体情况而定，过程会消耗大量的人力、物力和时间等，是云锦生产过程中耗时最长、最为复杂的阶段。

第四章 —— 云锦图纹要素

第一节 ▶ **色彩**

云锦的色彩种类繁多，单幅织物上最多可达二三十种颜色，色彩大胆，颜色对比强烈，整体却又调和，形成庄严、华丽、明快的艺术效果。

一、云锦色彩体系

"远看颜色近看花"是我国民间染织艺术中的一个审美原则，因此一件成功的染织设计不仅要有优美的纹样，还应有必要的色彩装饰[1]。明代《天工开物》记载了由五十七种颜色组成的纺织品色谱和二十多种丝绸染织技术[2]。这些颜色在云锦中都有所体现与运用，如"红色可分为枣绛、胭脂、嫣红等，黄色可分为葵黄、杏色、秋香，青色可分为艾绿、石青、竹青；蓝色可分为竹月、靛蓝、黯色等"，桃红、粉紫、檀褐等都是云锦中常用的颜色。在传统云锦设计中，有个形象的比喻叫"跑马看妆花"，生动地诠释了云锦丰富的色彩，以及带给人的鲜明而强烈的整体感受。

传统云锦色彩名目非常丰富，主要分为黄色系、红色系、蓝色系、棕褐系、灰黑系、紫色系，如今最常用的为赤色和橙色系、黄色和绿色系、蓝色和紫色系，如表4-1所示。

表4-1 云锦主要色系

色系种类	具体颜色
赤色和橙色系	大红、正红、朱红、银红、水红、粉红、南红、桃红、柿红、妃红、印红、蜜红、豆灰、珊瑚、红酱等
黄色和绿色系	正黄、明黄、槐黄、金黄、葵黄、杏黄、鹅黄、沉香、香色、古铜、栗壳、鼻烟、藏驼、广绿、油绿、芽绿、松绿、果绿、墨绿、秋香等
蓝色和紫色系	海蓝、宝蓝、品蓝、翠蓝、孔雀蓝、藏青、蟹青、石青、古月、正月、皎月、湖色、铁灰、瓦灰、银灰、鸽灰、葡灰、藕荷、青莲、紫酱、芦酱、枣酱、京酱、墨酱等

二、配色技法

"锦"在古代就是特指一种贵重华丽、色彩丰富的提花丝织物。彩锦的生产在我国已经有几千年的历史。追溯至春秋战国时期的襄邑织文与东汉时期闻名遐迩的川蜀织锦，都是我国历史上早期著名的彩锦[3]。唐、宋之后，由于更加重视织物纹样与色彩配合的设计，彩锦也发展到了一个更高水平。各个时期的彩锦，有着非常明确的时代风格与烙印。

唐代彩锦，配色浓艳而典雅，与当时的其他装饰风格趣味十分统一；宋代彩锦，受文人审美取向影响，配色淡雅、文静，给人清新、秀丽的视觉感受；元代彩锦，则有着少数民族的审美习惯，崇尚用金，这也是中国织锦史上重要的审美转折点；明代彩锦配色沉着，有一种壮丽的美感，用色不多，但十分讲究色彩的组织交错、灵活搭配，色彩的呈现灵动且清雅；清代彩锦则考究每一组纹样配色的深浅层次变化，配色充满柔和的情趣，力求对素材对象的细致描绘与艺术再现，特别是在妆花织物上的用色，一件云锦织物上的配色可达十几种甚至是几十种。

在中国传统色彩情感上，人们一直喜好温暖、明快、鲜艳、强烈的配色，对明度、纯度较弱，色相不明确的颜色运用较少[4]。作为御用高级织物的云锦，其纹样设计和色彩配色设计必须服从使用者实际使用要求与喜好、心理。因此云锦图案的配色，主色调往往鲜明、浓烈，具有一种厚重、艳丽、明亮、积极的气质，这种配色的方法与我国宫廷建筑的彩色装饰手法异曲同工、一脉相承。后来在元代喜金风气的影响下，云锦还继承了少数民族装饰用色的部分传统。

结合御用服饰与宫廷用品的装饰需求，云锦除了传统色彩的运用外，也遵循金彩并重、兼容并蓄这一重要用色规律与装饰特点。例如，就"妆花缎"织物的地色而言，浅色地使用非常少，除了御用袍服与装饰织物才能用的黄地色外，"妆花"地色多为大红、深蓝、宝蓝、墨绿等色相明确、纯度较高的深色，极少数情况下也会使用黑色[5]。主纹样也多使用红、蓝、绿、紫、绛、古铜、鼻烟、藏驼等重彩织造。云锦图案的配色中，对很多素材的色彩运用是违背真实生活的，是根据纹样形态需求，而选择进行艺术手法处理。例如，生活中的莲花，多为粉、白、红色，而云锦纹样中的莲花常采用蓝、紫来表现，这是受佛教艺术影响的原因，这一色彩表达虽是违背自然的，却符合宗教审美情趣与要求[3]。

灵活变换的色彩是云锦能够呈现艺术品般视觉感受的重要因素。云锦色彩的设计原则与用色规律是云锦卓越艺术成就的构成核心。云锦中色彩最为浓烈、艳丽，技术与艺术水平体现最全面的"妆花"品种的配色为了达到既对立又统一的效果，通常采用独特的配色技法，包括"色晕""大白相间"和"片金绞边"，如图4-1所示。正是这三种配色技巧，使云锦色彩过渡自然、繁而不乱、艳而不俗、整体协调统一，形成云锦独特的风格特征。

（一）色晕

色晕也称为"润色"，指色彩的浓淡、层次和节奏表现。色晕实质上是将同类色或邻近色按照明度分成深、中、浅等若干个色阶，通过色彩的递进过渡，来表现对象的颜色深浅细

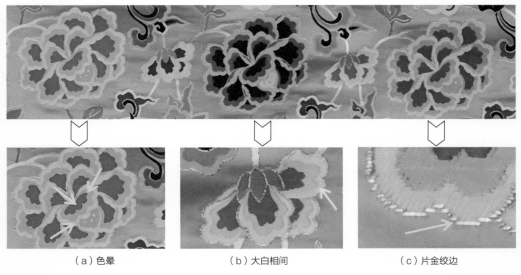

（a）色晕　　　　　　　　（b）大白相间　　　　　　　（c）片金绞边

图4-1　配色技法

腻的变化，大多运用在花卉与云彩素材的表现上。早期较大的主花，如牡丹，多用深、中、浅三个色阶的颜色来表现层次，称为"三晕"（图4-2、图4-3）。有些面积较大的宾花，也会使用"三晕"，或两个色阶的颜色即"两晕"来表现层次。"色晕"削弱了织料地部与花部、花部与花部之间的色彩对比，让强烈的色彩搭配变得柔和雅致，同时也增加了色彩的节奏感与韵律感，将图案表现得更加立体丰富生动，更加符合自然生长规律。因此色晕越多视觉效果越好，但织造难度也会相对提高。早期采用色晕手法的妆花产品，色块与色块之间界限相对较明显，过渡不够自然圆润（图4-4），而后期成熟妆花产品采用色晕表现时，则会使用对卡的方法（图4-5），色块边缘之间相互穿插渗透，淡化界限，色晕衔接就自然很多，表现效果也大大提升[3]。

图4-2　云锦三晕设计稿

图4-3　黄地四则缠枝牡丹

图 4-4 气象万千厘金（南京云锦研究所藏）

图 4-5 两晕牡丹花织金妆花缎

　　色晕的运用有两种方法。里深外浅的晕色称为正晕（图4-6、图4-7）。以牡丹花瓣为例，从里层至外层的晕色，分别是大红、浅红、粉红，这种晕色符合自然界花瓣色彩的颜色变化规律。外深里浅的晕色称为反晕，云锦艺人也称其为"反绞"。在深色地或者邻近花色较深的情况下，一般会使用正晕；而在地色较浅或者邻近花色较浅的情况下，反晕的适当运用会有更好的效果[6]。在大面积正晕的纹样中，穿插搭配一些反晕的小图案，可以起到活泼氛围、画龙点睛的作用[3]。"正晕""反晕"的运用最终以"显妆"为目的，根据织物整体色彩要求与变化来决定。

图 4-6 玫瑰心语紫（南京云锦研究所藏）

图 4-7 电机大洋花料（南京云锦研究所藏）

　　色晕在生产织造过程中，也有凝结长期配色经验的口诀流传。老艺人关于"色晕"的配色口诀[7]是：

二色晕：深、浅红，

　　　　葵黄、绿，

　　　　玉白、蓝，

古铜、紫，

羽灰、蓝。

三色晕：水红、银红配大红，

葵黄、广绿配石青，

藕荷、青莲配紫酱，

玉白、古月配宝蓝，

秋香、古铜配鼻烟，

银灰、瓦灰配鸽灰，

枣酱、葡灰配古铜，

深、浅古铜配藏驼。

从以上两段口诀来看，艺人们在"色晕"中所配制的色彩不但有明度的变化、彩度的变化，还有冷暖的变化[3]。这种有一定科学道理的色彩关系在今天仍具有较强的参考价值。

色晕口诀的配色概括是相对笼统的，在实际织造过程中，色相、纯度、明度上的增加都需要根据织品的具体色彩要求与织造条件来做变化演绎。而且妆花配色的自由度大，对色彩的理解仁者见仁，相同的图案纹样设计，不同艺术修养、织造经验的织工会使成品呈现出迥异的艺术风格与效果，或搭配出艺术感觉完全不同的同纹样作品。

（二）大白相间

"大白相间"也是一种调和对比色，突出主题的配色方法。妆花织物的色彩非常繁杂，色彩变化相对自由，一个纹样的主花常常需要多个层次的颜色来表现。大白相间是指大朵主花用白色作为色晕的最外层，使主花在深色地部的衬托下更加突显与明晰[3]（图4-8）。

图4-8　气象万千绿（南京云锦研究所藏）

（三）片金绞边

"片金绞边"（又称扁金包边）是一种将纹样边缘全部用片金线织出的调和配色的方法。在云锦中特别是妆花品种的配色中，大量使用金、银线，这种金彩交辉的装饰手法也是云锦非常重要的艺术特征之一[8]。其中片金线一般用于纹样的轮廓线条，满幅面的轮廓线比较适合定长片金用纹刀抽织。而圆金线价值较高，常用于重要部位的挖花盘织，塑造主纹样的显金效果。金、银色这类中性发光色的介入使图案上原来对比不协调的地方达到了统一。因此，金、银的设色对于色彩浓烈的云锦来说，有极其重要的调和意义，同时真金、银的融入运用，也增添了织物富贵、绚丽之感，增加了云锦织物本身的艺术与经济价值（图4-9、图4-10）。

图4-9　喜字并蒂莲红（南京云锦研究所藏）　　　图4-10　剑杆牡丹黄（南京云锦研究所藏）

三、云锦色彩提取

云锦色彩丰富，其独特的色彩搭配是设计师重要的设计灵感来源。特征色是图片所有颜色中所占比例较高的一组颜色，准确找到图片的特征色就相当于抓住了图片的主要特点，就能进一步探究图片所要表达的相关信息。对于云锦色彩的研究能有效完善云锦色彩理论体系，从而进一步推动民族织锦的传承与发展。

提取图片特征色的方法众多，其中K-Means算法操作简便，效果较好。K-Means算法的目的是将样本集划分为k个簇，簇内距离尽量小，簇间距离尽量大。算法需要预先指定k个初始聚类中心，通过计算子类中各点到聚类中心的距离，不断更新聚类中心的位置直至聚类中心不再变化，得到最终聚类结果。具体步骤如表4-2所示。

表 4-2　传统云锦 K-Means 算法步骤

步骤	操作
$S1$	选择 k 个类的初始中心，最初一般为随机选取
$S2$	分别计算所有样本到 k 个中心的欧式距离，将样本归类到距离最短的中心所在的类
$S3$	利用求每个类别中所有样本均值的方法更新 k 个类的中心值
$S4$	重复 $S2$、$S3$，直至聚类中心不再变化

　　本章选取了 25 张具有代表性的云锦图片，作为实验测试的样本。测试图像均为同一相机在相同光源条件下进行实物拍摄的照片。设置聚类中心 $k=4$，利用 K-Means 聚类算法，分别提取每张云锦样本的主色彩，获得的色彩相关数据如表 4-3 所示。设计师可直接利用单幅云锦图提取的主色彩完成其他图案的配色设计。

表 4-3　部分云锦样本色彩提取

云锦样本	颜色	R	G	B
		204	0	13
		119	21	22
		204	95	45
		255	226	127
		232	213	178
		121	126	99
		13	33	7
		255	141	0
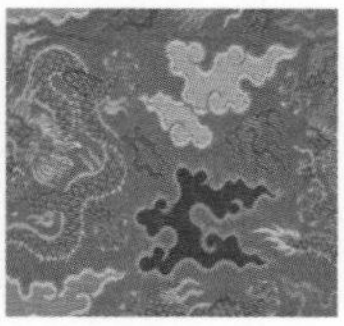		75	18	0
		194	116	53
		24	133	180
		247	255	231

将提取的100个色彩值绘制成如图4-11所示的色卡。分析图4-11可以发现，云锦的主要色彩集中在赤橙色、黄绿色、蓝紫色及黑灰色。

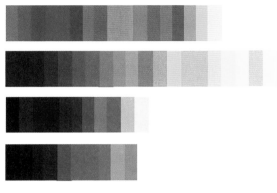

图4-11 云锦样本色卡

第二节 图案

一、图案素材来源

利用吉祥图案祈愿吉祥如意的心理早在人类文明萌芽时期就已出现。后来出现了文字，图案结合有吉祥寓意的文字组合成了新的图形，并流行一时。宋、元之后，随着理学的发展，图案纹样中的意识形态体现逐渐强化。社会的政治、伦理、道德、宗教、价值等在其中都会有所体现。明清时期，为南京云锦鼎盛时期，清代内务府特设江宁织造府专门织造御用龙袍冕衣、凤衣霞帔、宫帷帐幔、马褂旗袍、文武官员补服、宫廷坐褥靠垫等御用的服饰与生活用品[3]。

"假物以托心"是中国传统图案的重要取向，云锦作为中国传统丝织制品，其图案纹样皆是"图必有意，意必吉祥"。这些充满祖先智慧与想象的虚构形象，通常用来表达上层意识形态与思想情感。反观这些纹样在云锦中的运用，经常会配以自然素材的结合烘托。例如，"龙"，多用云纹、海水纹加以陪衬；"凤"，多用牡丹花卉加以环绕。这些经过精心搭配设计的纹样组合，表达了更多的云锦特有的图案寓意，众多纹样图案的产生也反映了古代统治阶级的审美取向甚至是宗教色彩的内容，这也是云锦长期作为御用供品的重要特征之一[3]。具体来看，云锦纹样的内容分为表4-4所示的十类。

表 4-4　传统云锦图案素材来源

类别	内容
植物 （图 4-12、图 4-13）	自然物：牡丹花、莲花、梅花、兰花、菊花、桃花、芙蓉花、玉兰花、海棠花、绣球花、百合花、水仙花、虞美人花、秋葵花、萱草、蔓草、芭蕉、常春藤、万年青、松树、竹子、石榴、桃子、佛手、柿子、葡萄、南瓜、葫芦、灵芝、茨菇 臆想物：宝相花（佛教花卉）
动物 （图 4-14、图 4-15）	自然物：孔雀、鸟雀、鹦鹉、大雁、仙鹤、狮子、虎、豹、鹿、象、兔子、蟒、鱼、蝙蝠、鹌鹑、蝴蝶、蜜蜂 臆想物：龙、夔龙、麒麟、凤凰、鸾鸟、鹭鸶、鸳鸯、天鹿、獬豸
人物 （图 4-16、图 4-17）	自然物：婴孩 臆想物：仙女、仙童、寿星、佛像
宗教器物 （图 4-18、图 4-19）	道教"暗八仙"：张果老能占卜人生的渔鼓、吕洞宾可镇邪驱魔的宝剑、韩湘子可滋生万物的箫、何仙姑能修身养性的荷花、铁拐李可救济众生的葫芦、汉钟离能起死回生的扇子、曹国舅可使万籁俱静的玉板、蓝采和能广通神明的花篮 佛教"八吉祥"：鸿运当头的法螺、生命不息的法轮、保护众生的宝伞、驱除疾病的华盖、冰清玉洁的莲花、功成名就的宝罐、幸福美满的双鱼、万寿无疆的盘长
乐器 （图 4-20）	八音：钟、磬、笙、箫、古琴、埙、鼓、祝圉
文字 （图 4-21、图 4-22）	福、禄、寿、喜、回
几何纹 （图 4-23、图 4-24）	万字（卍）、回纹、连钱纹、曲水纹、龟背纹、如意纹
十二章纹样 （图 4-25、图 4-26）	日、月、星辰、山、龙、华虫、宗彝、藻、火、粉米、黼、黻
云纹 （图 4-27、图 4-28）	四合云、吉祥云、如意云、和合云、七巧云、蚕茧云、骨朵云、海潮云、大勾云、小勾云、行云、卧云
其他	江崖、海水、山石、水藻、瑞草、飘带、灯笼、花瓶、戟等

由表 4-4 可知，云锦图案素材大部分取自日常生活中的自然物，如植物、花卉、飞禽、山海等；充满浪漫主义色彩的臆想抽象物，如仙女、法器、龙、凤等；宗教文化中的人物或器物，如道教的"暗八仙"、佛教的"八宝"等。面料中织造的图案一般运用比喻、比拟、象征和谐音等手法来表现拥有者的身份、地位或权势，或者传达着中国古代人民对幸福美好生活的追求与寄托。例如，"鱼"同"余"，代表"年年有余"；"柿"同"事"，代表"事事如意"；牡丹花型硕大、娇艳美丽，象征着富丽华贵；松柏耐寒抗冻，树龄极长，象征着万

年长寿；莲花代表清廉高洁；石榴代表多子多福；鸳鸯代表姻缘美满；佛教中佛手象征福气，道教中仙人象征无所不能等。

图 4-12 玫瑰心语料紫（南京云锦研究所藏）

图 4-13 气象万千厘金（南京云锦研究所藏）

图 4-14 和服仙鹤料紫（南京云锦研究所藏）

图 4-15 双狮戏球黄（南京云锦研究所藏）

图 4-16 童子攀枝图

图 4-17 百子图黄（南京云锦研究所藏）

图 4-18　蓝地团龙八宝暗花线金锦图
（南京云锦研究所藏）

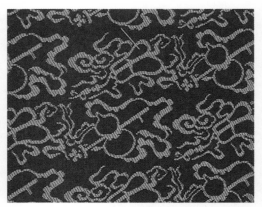

图 4-19　线金八宝纹黑
（南京云锦研究所藏）

图 4-20　乐器图案

图 4-21　双喜葫芦金料深蓝（南京云锦研究所藏）

图 4-22　喜字并蒂莲红（南京云锦研究所藏）

图4-23　龟背纹红（南京云锦研究所藏）

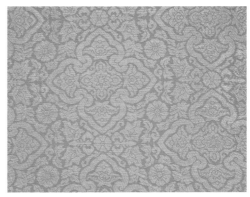

图4-24　四合如意填花料红（南京云锦研究所藏）

图4-25　龙莲深绿（南京云锦研究所藏）

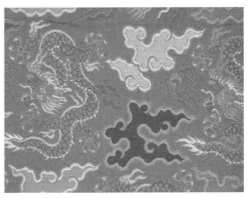

图4-26　四则云龙咖啡（南京云锦研究所藏）

图4-27　剑杆云纹淡湖蓝白（南京云锦研究所藏）

图4-28　四和云料红黄（南京云锦研究所藏）

　　传统云锦的纹样重在含蓄地表达文化内涵，而现代云锦图案融入了当代的审美和流行时尚元素，内容表达更加直白。如图4-29所示，为金枝醉—木芙蓉，作品描绘了一株盛开的芙蓉花，看似娇艳却不媚俗，个中自有一股清丽之质。引得蝴蝶停留其间，或叹其美，或赏其姿，或羡其芳，或品其性。芙蓉花在我国象征富贵吉祥，繁荣锦绣。文人常以芙蓉为题材吟诗作画，民间常刺绣芙蓉图案作装饰，并以芙蓉作礼品馈赠，寓意着芙蓉花能带来富贵吉祥的生活。图4-30为丰年，作品中包含金宝地、金红色佛手、橘红色柿子及浅紫色葡萄，色彩丰富饱满，充溢着"硕果累累"的丰收喜悦。佛手被称为"果中仙品，世之奇卉"，与"福寿"谐音，代表着多福长寿，两颗柿子代表了"事事如意"；成串的葡萄表达多子多福，玉盘中盛起的祥云代表了生活中的和美富足，安宁康健。这些作品的内容虽然依旧是吉祥寓意，但内容表达更加直白，表现方法更偏向于当代的审美。

图4-29　金枝醉—木芙蓉（南京云锦研究所展）　　图4-30　丰年（南京云锦研究所展）

此外，图案的表现形式也发生了变化，可以是照片、画作或肖像；图案既可能源于中国，也可能源于外国；图案内容可以是自创，也可以复制。文艺复兴时期，为了表现蒙娜丽莎神秘而美丽的微笑，达·芬奇用自创的手指涂抹法，将40多层极纤薄的油彩层层叠加。如今，南京云锦研究所的大师们首次采用"逐层异色"的染织方法，以70多种色彩的丝线为原料，用织机织出"蒙娜丽莎的微笑"。如图4-31、图4-32所示，此幅《蒙娜丽莎—东方织造》是南京云锦研究所有限公司设计团队特意为2015年米兰世博会南京周定制的作品，其采用传统云锦织造工艺，在长6m、宽3m、高4m的特制超大型大花楼木织机上由四名优秀织

图4-31　《蒙娜丽莎—东方织造》

图 4-32　成品织造细节图

造人员手工操作完成，耗费2900余小时，是云锦发展史上第一次选择人物肖像油画作为题材进行织造。

现代云锦图案唯一的限制是图案的像素和实际织造规格，内容复杂、纹理细腻且尺寸较小的图案很难用云锦的方式呈现，因为会受到织机和工艺的约束。

二、图案格式及配图技法

传统云锦的图案布局非常注重章法，图案格式自成一体。根据织物的使用情况，分为"织成料"和"匹料"两种。织成料的图案格式有规定的纹饰内容和特定的表现形式，纹样设计精细，衔接无痕，如龙袍、凤袍、蟒袍、经被、佛像等。用于织造衣物或室内装饰的匹料，其常见的图案格式有团花、散花、满花、折枝、串枝、缠枝和天华锦等，如图4-33所示。图案设计排版时经常按照"二方连续""四方连续"或"八方连续"的手法构图，纹样通过一定方向的平移可以完美拼接。

团花：圆形的团纹，也叫"光"，是指外形呈团状的纹饰。如图4-33（a）所示。它是中国传统的装饰纹样，魏晋南北朝常见的"联珠"图案即可视为团花的一种。唐宋时期，团花图案已经很流行，多用于袍服的胸、背、肩等部位[9]，宋陆游《剑南诗稿·斋中杂题》中就有"闲将西蜀团窠锦，自背南唐落墨花"。随着多民族文化的发展，团花越来越多地出现在少数民族之中。团花则数一般有一则、二则、三则、四则、五则、六则和八则，对应的直径分别40~46.6cm、22.6~24.6cm、13.3~15.3cm、12.65~14cm、10.65~10.8cm、7.8~9.3cm和4.66~6.66cm。团花图案，一般用于库缎和织金缎，织料的门幅宽度和团花则数少，图案就大，则数多，图案就小。按照成品幅宽和团花则数，采用"散点法"进行布局，图案之间没有衔接部分，相对独立。常用的组合方法主要有[10]"车转法""二合法"和"四合法"。"车转法"，亦名"推磨法"，是用两组或多组同形同量的花纹，或两组异形同量的花纹，组合时向一个方向回转，组成一个完整的团纹。因其花纹的组合像车轮或石磨一样，向一个方向旋转，因此其设计术语为车转法，或推磨法。"二合法"，又名"对合法"，是对称的均齐纹样，它是由左右两边同形同量的花纹对合组成。团花的构成没有固定的限制，在实际构成中，还有很多种样式和方法[2]，如"咬光法""整剖法""匀罗摆"等。

散花：花朵零落地分布在布面，如图4-33（b）所示。纹样布局方法包括"丁字形连锁法""推磨式连续法""二二连续法""三三连续法"和"么二三连续法"（"么二三皮球"）[11]。散花图案多用于库缎。

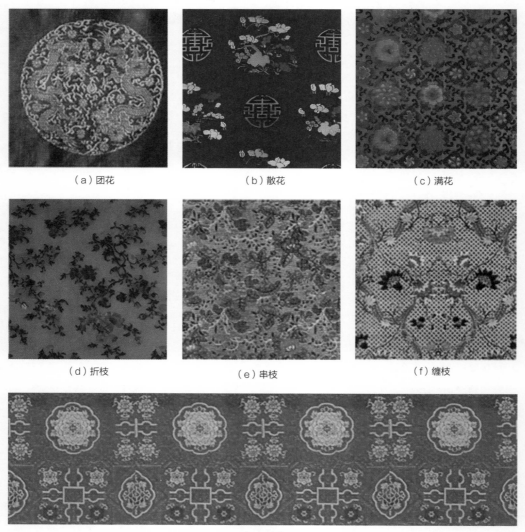

（a）团花　　　　　　　（b）散花　　　　　　　（c）满花

（d）折枝　　　　　　　（e）串枝　　　　　　　（f）缠枝

（g）锦群

图4-33　图案格式

满花：花型偏小且衔接紧密，花满地少，如图4-33（c）所示。纹样布局方法包括"散点法"和"连缀法"[11]。散点法的排列相对紧密，连缀法构成的满花，多用于"二色金库锦"和"彩花库锦"上，设计时必须掌握"托地显花"的效果[4]。

折枝：图案为折断的一枝花，由花头、花苞和叶子组成，是一种写实性很强的图案和纹样。在折枝纹样的安排处理上，要求布局均匀、穿插自然，但单位与单位之间无须相连，保持彼此间断与独立。如图4-33（d）所示，折枝纹样循环展开后，富有一种疏密有致、形制平衡的美感，呈现出大气、高雅的风格。折枝图案多用于满幅或二则纹样的妆花缎。

串枝：串枝是云锦花卉图案中常用的一种形式，就是用枝梗把主题花的花头串联起来。如图4-33（e）所示。串枝图案与缠枝图案十分接近，两者的区别主要在于：缠枝的主要枝梗必须对主题花的花头作环形的缠绕；而串枝则是用主要枝梗把主题花的花头串联起来。在单位纹样中，无法明显辨认出这种效果，当单位纹样循环连续后，单位纹样循环串接的趋势比较明显。串枝效果使云锦的样式更加具有层次感。

缠枝：主要枝梗环形缠绕主体花朵，花朵敦厚饱满，枝条婉转流畅，富有韵律。缠枝花的图案在唐代就十分流行，当时多用于佛帔幛幡、袈裟金襕之上。这一经典的传统图案一直被沿用、传承下来，成为中国织锦图案的一种常用图案表现形制。云锦图案中最多的缠枝花形是"缠枝牡丹"与"缠枝莲花"。缠枝蜿蜒流畅，曲线趋势圆滑有张力地盘绕着敦实饱满的主题花头，呈"四方连续"形制展开，如图4-33（f）所示。

锦群：锦群源于宋代的"八达晕"，又名"天华锦""天花锦"，有"锦上添花"之意。锦群是一种满地规矩纹锦，它从建筑中的藻井纹样汲取灵感，用圆形、方形、菱形、正六边形、正八边形等几何形交错重叠出一种满地规矩纹样的锦纹骨架，在各种变化的几何形骨架中，填以各种形式的小锦纹或折枝花纹，如回纹、万字纹、曲水纹、连钱纹、锁子纹、盔甲纹等。在主体几何纹的中心部位，安放较大的主题花，使之成为一种主题花突出、锦式和锦纹变化丰富的满地锦[12]。锦群遵循"锦中有花，花中有锦"的特点，因而外观十分精美华丽，如图4-33（g）所示。构图一般采用"四方连续、八方接章"的方法，只需设计半个单位的纹样，通过复制、旋转、平移即可获取完整纹样，在四类云锦中均有应用。

在现代云锦面料中，较为传统的云锦匹料或较为中式的云锦服装面料，仍采用传统云锦常用的图案形式，如团花和缠枝等。但随着新型图案的涌现，当前云锦业以生产性保护为主，艺术创造性被削弱，图案设计不会太过拘泥于纹样布局。同一幅宽内可平行织造多个单位纹样，每个单位纹样可裁剪制成一件产品。

---

[1] 陈光龙. 管窥南京云锦的色彩意象 [J]. 美术大观，2018（12）：64-65.

［2］谈玮玮.云锦·十二钗［D］.昆明：昆明理工大学，2016.

［3］管静.南京云锦的传承与发展研究［D］.苏州：苏州大学，2018.

［4］陈高雅.浅析南京云锦的色彩风格及其形成原因［J］.科技信息（科学教研），2007（31）：64，25.

［5］徐仲杰.南京云锦的传统图案与色彩［J］.南京艺术学院学报（音乐与表演版），1980（2）：125-132.

［6］董静文，杨刘玲，吕艳.云锦色彩的文化寓意研究［J］.大众文艺，2022（6）：64-66.

［7］王剑强，吴捍新.非物质文化遗产记忆档案:南京云锦［M］.济南：山东友谊出版社，2013.

［8］徐博文.南京云锦织机设计研究［D］.南京：南京艺术学院，2005.

［9］黄明杰.非物质文化遗产云锦的图案及其保护探究［D］.重庆：重庆师范大学，2019.

［10］戴健.南京云锦 ［M］.苏州：苏州大学出版社，2009.

［11］岳永玲.南京云锦图案研究 ［D］.南京：南京师范大学，2013.

［12］王宝林.南京云锦之谜 ［M］.南京：南京云锦出版社，2006.

第五章

——

云锦服用性能

第一节 ▶ **云锦与服用性能**

面料的性能特点体现在服用性能上，它包括服装穿着后能否保持优良的外观形态、服装制作过程的特点、服装对人体的舒适感等。只有掌握了面料的服用性能特点才可以按照要求合理地将面料应用于服装制作中。现代云锦在服装领域的应用普及度远远不如其他同类织锦，缺乏对云锦面料的服用性能量化评估是其中一个重要原因，这阻碍了云锦服饰和云锦的创新设计。因此，研究云锦面料的服用性能特点是十分必要的。

一、服用性能基本指标

服用性能指的是织物的基本性能和舒适性能。织物的基本性能主要有透气性、透湿性、拉伸弹性恢复性、折皱回复性、折痕回复性、硬挺度、断裂强度、起毛起球性等。

（一）透气性

织物透气性是指气体分子通过织物的能力，它可以排出二氧化碳和水分，根据透气能力的大小，可以将面料分为易透气、难透气、不透气。透气性是织物通透性中最基本的性能，主要影响织物的穿着舒适性，如隔热、保暖、通透、凉快，以及织物的使用性能。透气性好的服装可以较好地排出人体产生的汗蒸汽，透气性较差的服装可以起到保暖和防风的作用。影响面料透气性的主要因素是纤维的性质和织物的组织结构。一般来说，天然纤维的透气性比化学纤维的透气性好，天然纤维中的棉、麻、丝的透气性比其他要好。

（二）透湿性

织物的透湿性是衡量服装生理舒适性的一个指标。提高服装的透湿性，必须理解水透过织物的整个过程及原理。这一过程发生于水的液相和气相两个方面。

1. 水的气相传递——水蒸气传递

在织物的两面存在着一定相对湿度梯度的条件下，以单位时间、单位面积内透过的水蒸气质量［mg/（cm²·h）］来表示织物的透湿性。水蒸气会从高湿度空气透过织物向低湿度空气扩散，纺织材料的多孔性能和织物内纤维间及纱线间的空隙决定了织物的水蒸气运动，这种多孔性和空隙可以连接成通道，可使水蒸气逸出织物表面。其中，水蒸气传递阻力的大小会随着织物空隙的大小及通道互相连接的程度而变化。

2. 水的液相传递——液态水的传递

当液态水遇到织物时，织物中的纤维发生吸水作用，这种织物的吸水作用叫作吸湿作用。不同纤维的吸水能力也不相同，亲水性纤维的亲水基团多，所以吸水能力就越大；疏水纤维的亲水基团少，所以它的吸水能力就越小。织物与液态水之间还会发生芯吸作用，水沿着织物纤维孔隙传递到织物表面，然后在空气中蒸发，这时人体产生的热量会随着水蒸气一起发散到周围的空气中。从微观上来看，透湿过程就是热湿传递的过程。

（三）拉伸弹性回复性

织物的拉伸弹性回复性指的是在一定条件下对织物施加拉力和撤去负荷后，拉伸变形能在一定程度上回复的性能。织物拉伸弹性回复性影响着弹性服装的外观风格及穿着舒适性。服装变形会影响服装的整体外观，因此，服装设计师在设计弹性面料及其服装时必须要考虑织物的拉伸弹性回复性。[1]

（四）折皱回复性

折皱回复性指的是发生折皱后的回复程度。折皱会影响织物外观的美观性，织物的磨损也会沿着折皱方向产生，从而加快织物的损坏速度。

在外力作用下，织物会发生弯曲变形，当作用外力远超出织物弯曲弹性变形范围时织物被强迫弯曲变形，产生屈服形变。这种形变包括织物的经、纬纱线之间的滑移错位，纱线纤维之间的滑移。当织物达到一定形变后，若外力作用持续进行，织物内应力不断减弱，就会产生应力松弛。因此，织物是否产生折皱取决于织物形变量和织物内应力的松弛状态。

（五）折痕回复性

折痕回复指的是当外力去除后，织物在内应力所产生的弹性回复力作用下折痕弯曲逐渐回复，即折痕回复的角度开始逐渐增大。随着时间的延续，折痕回复角不断增大，它的变化规律和材料蠕变的规律类似。在这个变化过程中，除弹性回复力外，织物同时还受到摩擦阻力的影响。摩擦阻力是由于纱线之间，以及纱线的纤维之间发生相对滑移而产生的，其方向与弹性回复力正好相反。当织物的弹性回复力和摩擦阻力达到平衡状态时，织物呈现出最大回复效果，此时的织物折角就是织物的折痕回复角。

织物弹性回复力和摩擦阻力之间的相对平衡关系，决定了织物折痕回复性能的优劣。当弹性回复力越大，织物内摩擦阻力越小，织物的折痕回复性能就越好。织物纤维的固有性质决定了织物的弹性回复力，不同纤维的弹性回复力不同。例如，羊毛和聚酯纤维制成的织物就有较好的折皱回复性能。影响织物折痕回复性能的因素有很多，如织物原料成分、捻度，都会影响织物折皱回复性能。温度、湿度条件不同，织物的折痕回复性也不同，在高温、高湿条件下对织物进行折皱压烫，会使织物产生不容易恢复的折痕。此外，对织物进行树脂整理，分子链之间形成交键会改善其拉伸变形恢复能力，从而提高织物的折皱回复性能。织物经过染整加工和热定型后，也可改善其折皱回复性能。

（六）硬挺度

织物硬挺度包括织物的抗弯刚度和柔软度。抗弯刚度指的是织物抵抗其弯曲形状变化的能力。抗弯刚度取决于织物纤维的性质、纱线的抗弯刚度及结构。抗弯刚度会随着织物厚度的增加而增加。抗弯刚度大的织物和纱线粗、重量大的织物悬垂性都较差。纤维的弯曲性能、纱线的结构、织物的组织特性及后整理技术等因素都会影响织物的抗弯刚度。贴身衣物需要有良好的柔软性来满足人体贴身与适体需要。外衣的服用材料则需要保持必要的外形和具有一定的造型能力，因此需要一定的刚柔度。

（七）断裂强度

织物断裂强度是指织物在被拉断时，所能承受的最大荷重（kg）。一般织物经向强度比纬向大。

（八）起毛起球性

当织物受到外界摩擦产生的摩擦力大于纤维强力或纤维之间的摩擦力或抱合力时，纤维末梢就被拉出，形成圈环和绒毛，从而在织物表面生成绒毛，使布面失去光泽。任何短纤维都会起球，涤纶短纤、羊毛和棉织物的起球现象较严重。涤纶产生的静电容易吸附外来粒子从而产生起球现象，而且涤纶的强力和抗曲性能高，形成的球不易从纤维上脱落。影响起球的因素是多种多样的，如组成织物的纱线、织物组织结构、染整工艺、穿着条件等。

二、云锦服饰应用

云锦自古就是皇室贵族服装、服饰的面料，在现代社会，即使它的使用形式、方式不同，但它的华贵气质依旧传递着穿着者的高贵身份与地位。这就决定了现代云锦服装所适用的场合必然是非常正式的。而云锦制作的服装、服饰品也必然是集奢华美、典雅美于一体。云锦服饰经常作为重要场合的礼服和演出服。礼服指的是专门用于参观，或参加婚礼、葬礼、庆典和仪式等较为隆重的场合的服装。礼服又可以分为日礼服、晚礼服、出访服、婚纱服、演出服等。

日礼服和晚礼服（图5-1）可用于参加定期的庆典、派对等。这类礼服体现服装优雅和奢华的目的，体现出不同的审美观念，展现出独特的气质。女性礼服主要为无袖裙装，而且带有个人特色。男士服装以西装为主，也可搭配鲜艳活泼的色彩。[2]

图5-1　劳伦斯许"绣球"系列礼服

出访服主要是指出访或参加节日宴会、迎接客人的礼仪服装，主要是为了凸显中国传统特色文化，弘扬中华文化。因此，该类服装风格精致典雅，且多使用中国吉祥纹样，寓意吉祥如意，如云纹、牡丹花纹、龙纹等。云锦可以很好地衬托出穿着者高贵、典雅和与众不同的气质，彰显中华文化博大精深，也给人隆重感和庄重感[2]。

婚礼服（图5-2、图5-3）是新娘与新郎所穿礼服。深受中国传统文化的影响，中国新一代的新娘也追求喜庆和热闹。云锦服饰风格端庄优雅，正好展现了一个民族的优秀文化和穿着者的不同寻常的气质。现代云锦服饰更是实现了民族服装时尚性和民俗性特色的统一，非常符合现代人对婚庆礼仪的审美[3]。

图5-2　云锦传统新娘服饰　　　　图5-3　云锦现代新娘服饰（云锦研究所展）

演出服指的是为强调舞台上演出者个性与风格而设计的带有展示意味的服装，通常以独特的装饰来达到令人惊叹的效果。云锦演出服采用了云锦的材料和云锦特有的装饰特点，又融合了现代服饰的表现手法。云锦类的演出服多强调服装明亮的色彩、跳跃的款式，多用来在舞台上营造气氛[4]。

在服装设计中，图案素材的选择、色彩的运用搭配、图案处理方式、图案装饰的部位、服装款式的筛选都应作为图案设计时考虑的因素。图案的合理运用与巧妙点缀能够对服装整体的视觉美感起画龙点睛的作用，增强设计的艺术效果及感染力。而图案外轮廓及内在结构的变化，可以产生不同的形式美。

云锦图案大气庄重、饱满、绚丽[4]，在几千年的历史中已经形成其特有的风格样式，但图案的构图设计方法是多样的，可以采用重复构成、自由构成、特异构成及对原有图案肌理变化等方式对图案进行再设计，再以点缀的形式装饰在服装的边缘或服装的中心部位[5]。

在中国古代服饰中，图案主要应用于服装的领边、袖口边、襟边、袍子开衩的两边、下摆等边缘位置，现代服饰设计依旧可以与传统设计特点相结合。在现代服饰图案的设计中，图案设计大多应用于领部和前襟部位（图5-4），云锦图案边缘装饰的应用使图案部分的色彩与服装整体色调形成了一定的反差，增加了服装的层次感，协调了服装比例。例如，衣服裙子的下摆及裤口这些边缘装饰部位，应当尽可能选用颜色鲜明，造型轻松且精致的图案题材，营造下沉的视觉效果和感受。总体而言，云锦图案的点缀使服装的整体风格既具有民族的传统特色，又具有时尚、简约的现代之风[5]。

图5-4　云锦图案服装边缘装饰效果

　　服装的中心部位指的是人体的胸、腰、背等部位，服装中心部位的设计具有强烈的视觉直观性，很大程度上决定了服饰外观的主要风格，起到了突出服装整体效果的作用（图5-5）。胸、腰部位是仅次于头部和脸部的视线关注部位，所以运用于胸、腰部位的云锦图案具有醒目的特点。对于背部位置的装饰，可以采用大面积的图案，加强人体背面主要视角的装饰效果。此外，还要结合着装者上下身材的比例去设计胸背部图案大小和高低程度，胸背部的横向图案有隔断感，纵向和辐射状图案给人以收缩的感觉[5]。

图5-5　云锦图案服装中心装饰效果

　　使用Style 3D软件将云锦元素应用于服装款式的设计中，融合现代的服装款式特点进行云锦服饰创新设计，可直接获得服装效果（图5-6~图5-9）。

图5-6　云锦服饰创新设计1　　　　　　　　图5-7　云锦服饰创新设计2

图 5-8　云锦服饰创新设计 3　　　　　　图 5-9　云锦服饰创新设计 4

第二节　服用性测试方案

　　为了分析妆织工艺对云锦面料基本服用性能带来的影响，实验以在服装服饰方面应用最多的妆花缎面料作为主样本，未妆织花纹的素缎为配对样本。从透通性（透气和透湿性）、保形性（拉伸回弹性和折痕回复性）和外观性（硬挺度和起毛起球性）三个方面进行测试。实验获取的具体物理性能参数，可为科学评价云锦妆花缎服用性提供保障，也为云锦服装服饰品的设计和云锦创意产品的开发提供理论依据。

一、云锦样本

（一）样本数量及来源

　　实验选取了大花楼机织造的两种规格的妆花缎面料，每种规格各三块，三块样本的材料、规格及组织结构均相同。对织物样本进行编码，$A1$、$A2$ 和 $A3$ 表示花纬密为 14 梭/cm，（云锦业以花纬密表示面料规格，单位为"梭/cm"，以现代纺织品通用方式表达应为 140 根/10cm）的妆花缎（图 5-10）；$B1$、$B2$ 和 $B3$ 表示花纬密为 16 梭/cm 的妆花缎（图 5-11）。每一块妆花缎都定制织造了素缎配对样本，素缎与妆花缎的差异在于，在同材料、同规格和同种织机条件下，素缎表面未妆织图案花纹。$a1$、$a2$、$a3$ 分别用来表示妆花缎 $A1$、$A2$、$A3$ 的素缎配对样本，$b1$、$b2$ 和 $b3$ 分别对应的是妆花缎 $B1$、$B2$ 和 $B3$ 的素缎配对样本。12 块样本均来自南京盛世锦绣有限公司，均采用手工织造。

图 5-10 花纬密为 14 梭 /cm 的妆花缎

图 5-11 花纬密为 16 梭 /cm 的妆花缎

（二）样本织造特征

1. 纱线线密度

12块试样的线密度如表5-1所示。样本经线均为无捻精练熟制单丝，线密度约3.5tex。与素缎相比，妆花缎的组织结构比较复杂，由经线、地纬和花纬（包括彩色的丝绒和捻金线）三部分构成。

表 5-1　妆花缎及素缎样本纱线线密度　　　　单位：tex

编号	经线	花纬		
		地纬	丝绒	捻金线
A1	3.5	29.5（7）	41±0.5	56（2）
A2	3.5	29.5（7）	41±0.5	56（2）
A3	3.5	29.5（7）	41±0.5	56（2）
B1	3.5	18.2（5）	41±0.5	56（2）
B2	3.5	18.2（5）	41±0.5	56（2）
B3	3.5	18.2（5）	41±0.5	56（2）
a1	3.5	29.5（7）	/	/
a2	3.5	29.5（7）	/	/
a3	3.5	29.5（7）	/	/
b1	3.5	18.2（5）	/	/
b2	3.5	18.2（5）	/	/
b3	3.5	18.2（5）	/	/

2. 面料经纬密

表5–2为妆花缎及素缎样本的面料经纬密。妆花缎 $A1$~$A3$ 和 $B1$~$B3$ 的花纬丝绒的平均密度分别约为149根/10cm和155根/10cm，与理论值140根/10cm和160根/10cm存在差异，这可能是手工织造导致的误差。从表中数据可以看出妆花缎的地纬密与花纬密之比约等于2∶1，揭示了妆花缎独特的织造规律。

表5–2 妆花缎及素缎样本面料经纬密   单位：根/10cm

编号	花纬密			
	经线	地纬	丝绒	捻金线
$A1$	1420	295	150	147
$A2$	1420	290	148.5	146.5
$A3$	1420	302	149	147.5
$B1$	1420	315	155.5	156
$B2$	1420	310	152.5	153.5
$B3$	1420	320	157.5	156.5
$a1$	1420	304	/	/
$a2$	1420	299	/	/
$a3$	1420	307	/	/
$b1$	1420	333.5	/	/
$b2$	1420	322.5	/	/
$b3$	1420	335	/	/

实验样本的每平方米克重和厚度测试结果见表5–3。由于妆花缎样本是在底布素缎的基础上采用染色丝和金线妆织花纹，其面料每平方米克重必然大于配对样本。云锦通经回纬的妆织工艺成就了妆花缎的逐花异色，但也因此导致面料背浮严重，如图5–12所示为妆花缎样本的正面示意图，图5–13为妆花缎样本的反面示意图。面料反面长度不等的纬浮线导致了妆花缎面料厚度分布不均匀，且花纹背浮线堆叠层数越多，面料越厚重，厚度差异也越大，如试样 $B1$ 的面料厚度差高达0.74mm。

云锦妆花缎的花纬由丝绒、金线和孔雀羽线三类材料构成。面料图案花纹搭配的材料类型决定面料背浮线的堆叠层数，因此云锦妆花缎的面料厚度具有随机性，且单块面料的厚度差较大。在纱线线密度及面料经纬密一致的条件下，图案花纹由新增的花纬材料表现，面料的平方米克重随之增加。从表5-2、表5-3来看，云锦妆花缎属于厚度随花纹变化的中厚型面料，可作为西服、风衣和中山装等服装的面料。

表5-3　妆花缎及素缎样本每平方米克重及厚度

编号	每平方米克重/（g·m⁻²）	厚度/mm
A1	241.8	041±0.12
A2	238.2	0.39±0.10
A3	243.6	0.42±0.13
B1	292.7	0.57±0.37
B2	288.3	0.52±0.31
B3	295.1	0.58±0.35
a1	134.6	0.35
a2	132.1	0.34
a3	135.2	0.36
b1	116.9	0.22
b2	113.8	0.22
b3	117.3	0.23

图5-12　妆花缎样本正面示意图

图5-13　妆花缎样本反面示意图

3. 组织结构

素缎的组织结构均为七枚四飞经面缎纹，是根据妆花缎样本经面缎地组织定制织造而成。妆花缎样本的地料组织均为七枚四飞经面缎纹，显花组织为七枚二飞纬面缎纹，花纬浮长线由十四枚间丝点控制，地纬线与花纬线根数的比例为2∶1（图5-14）。

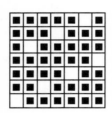

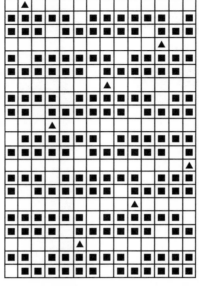

（a）素缎组织结构图　　　　（b）妆花缎复合组织结构图

图 5-14　样本面料组织结构示意图

二、云锦服用指标测试及典型服用性能确定

（一）云锦服用指标测试

云锦的服用性能包括透通性、保形性和外观性等。

面料的透通性、保形性和外观性涉及的测试指标分别为透气性、透湿性、拉伸回弹性、折痕回复性、硬挺度、起毛起球性。这些性能涉及的测试指标、方法及依据的国标具体如下。

1.透气性

织物的透气性能依据GB/T 5453—1997《纺织品 织物透气性的测定》，采用FX3300型透气性测试仪（图5-15）进行测试，测试指标为透气量，压差值为10Pa。通梭面料在非布边、无疵点处随机选点测试，每块试样测试10次。妆花缎面料根据纱线堆叠层数划分区域测试，每块区域选点测试10次，结果取其平均值，最终结果需标注上下浮动值。

2.透湿性

织物的透湿性能依据GB/T 12704.1—2009《纺织品　织物透湿性试验方法　第一部分：吸湿法》，

图 5-15　FX3300 型透气性测试仪

采用YG（B）216型织物透湿量仪（温州大荣纺织仪器有限公司）进行测试（图5-16），测试指标为透湿量，即试样组合体的质量，结果精确到0.001g。烘箱温度为160℃，加湿温度为（38±2）℃，相对湿度为（90±2）%。每块面料取3个试样，试样规格为直径70mm的圆，真实测试面积为直径60mm的圆，测试结果取3个试样的平均值。

3. 拉伸回弹性

织物的拉伸回弹性依据GB/T 3923.1—2013《纺织品 织物拉伸性能 第1部分：断裂强力和断裂伸长率的测定 条样法》，采用YG026PC—250型电子强力机（温州方圆仪器有限公司）进行测试（图5-17），主要测试指标为断裂强力和断裂伸长率，隔距长度为200mm，拉伸速度为20mm/min。每块面料经、纬向各选取5个试样，采用扯边纱法获取规格为50mm×320mm的矩形试样，测得每块面料的经、纬向拉伸断裂强力和断裂伸长率，测试结果取其平均值。

图5-16 YG（B）216型织物透湿量仪

图5-17 YG026PC—250型电子强力机

4. 折痕回复性

织物的折皱回复性依据GB/T 3819—1997《纺织品 织物折痕回复性的测定 回复角法》，采用YG541E全自动织物折皱弹性仪（温州方圆仪器有限公司）进行测试（图5-18），测试指标为折痕回复角。每块面料经、纬向各选取5个试样，试样规格为标准"T"形试样，测试结果取其平均值，评估每块面料的经、纬向折痕回复能力。

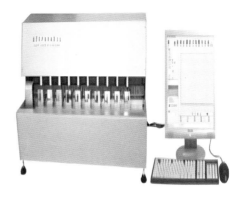

图5-18 YG541E全自动织物折皱弹性仪

5. 硬挺度

织物的硬挺度依据GB/T 18318—2001《纺织品　织物弯曲长度的测定》，采用YG（B）022D自动织物硬挺度试验仪（温州大荣纺织仪器有限公司）进行测试（图5-19），测试指标为抗弯长度和抗弯刚度。每块面料经、纬向各选取6个试样，试样规格为25mm×250mm的矩形，获取每块面料的经、纬向硬挺度，测试结果取其平均值。

图5-19　YG（B）022D自动织物硬挺度试验仪

6. 起毛起球性

织物的起毛起球性依据GB/T 4802.1—2008《纺织品　织物起毛起球性能的测定　第1部分：圆轨迹法》，采用YG 502型织物起毛起球仪（温州方圆仪器有限公司）进行测试（图5-20），测试指标为起毛起球级别。每块面料取5个试样，试样规格为直径（113±0.5）mm的圆。测试压力为590cN，起毛次数设定50次，起球次数设定50次，起毛起球程度采用苏州丝绸科学研究所提供的机织物起毛起球等级样卡进行对比评定。

图5-20　YG 502型织物起毛起球仪

（二）云锦典型服用性能确定

基于测试结果，采用IBM SPSS Statistics 22.0软件，对两种规格的云锦妆花缎面料及其对应的素缎进行配对样本T检验测试，通过分析获取能够表征云锦妆花缎面料典型服用性特征的指标[6]。

配对样本T检验是一种假设检验方法，通过比较来自两个总体配对样本的均值差异，分析样本间是否存在显著性差异。将面料厚度、每平方米克重、透气量、透湿量、经向断裂强力、纬向断裂强力、经向断裂伸长率、纬向断裂伸长率、经向折痕回复角、纬向折痕回复角、经向抗弯刚度、纬向抗弯刚度、抗起毛等级和抗起球等级14个指标分别列为$X1$，$X2$，…，$X14$，针对（妆花缎A，素缎a）和（妆花缎B，素缎b）两组配对样本，分析14项性能指标。如$AX1$代表妆花缎样本A的面料厚度，$aX1$代表素缎样本a的面料厚度，$X1-Aa$代表$X1$指标下的配对样本妆花缎样本A与素缎样本a。

（1）提出原假设H_0：$\mu_{Axi}-\mu_{axi}=0$，$\mu_{Bxi}-\mu_{bxi}=0$，（$i=1$，2，…，14）μ_{Axi}为妆花缎样本A在X_i指标下的均值，μ_{axi}为素缎样本a在X_i指标下的均值，μ_{Bxi}为妆花缎样本B在X_i指标下的均值，μ_{bxi}为素缎样本b在X_i指标下的均值。假设妆花缎样本A与其配对样本素缎a在X_i指标下总体均值无显著差异，妆花缎样本B与其配对样本素缎b在X_i指标下总体均值无显著差异。

（2）计算检验统计量：分别计算两个配对样本的差值、标准差、t统计量和概率p值，t统计量的公式如式（5-1）：

$$t=\frac{\bar{X}-\mu}{\sqrt{\frac{S^2}{n}}} \tag{5-1}$$

（3）设置显著性水平α，评价结果：设定显著性水平$\alpha=0.05$，当概率p值小于显著性水平，表示检验结果拒绝原假设，$\mu_{Axi}-\mu_{axi}\neq0$，$\mu_{Bxi}-\mu_{bxi}\neq0$，即配对样本在X_i指标下总体均值不相同，样本在X_i指标下存在显著差异，且概率p值越接近0，差异越显著；反之，则原假设成立，$\mu_{Axi}-\mu_{axi}=0$，$\mu_{Bxi}-\mu_{bxi}=0$，两配对样本在X_i指标下不存在显著差异，即该指标无法表征云锦妆花缎的典型服用性特征。

第三节 云锦服用性能测试数据分析

一、云锦典型服用性特征

基于样本实验测试的14项物理性能参数，通过对配对样本进行T检验，获取28组妆花缎及素缎配对样本检验结果，如表5-4所示。

表 5-4　妆花缎及素缎配对样本检验表

| 组别 | 成对差分数 | | | | | t 统计量 | df | 显著性双尾 |
| | 平均数 | 标准偏差 | 均值标准误 | 95% 差分数置信区间 | | | | |
				下限	上限			
$X1$-Aa	0.057	0.006	0.003	0.042	0.071	17.000	2	0.003
$X1$-Bb	0.333	0.029	0.017	0.262	0.405	20.000	2	0.002
$X2$-Aa	107.233	1.150	0.664	104.376	110.091	161.457	2	0.000
$X2$-Bb	176.033	1.662	0.960	171.904	180.163	183.417	2	0.000
$X3$-Aa	175.167	4.726	2.728	163.427	186.906	64.200	2	0.000
$X3$-Bb	-15.600	2.788	1.610	-22.526	-8.674	-9.692	2	0.010
$X4$-Aa	-896.667	298.719	172.466	-1638.727	-154.606	-5.199	2	0.035
$X4$-Bb	-836.667	453.578	261.874	-1963.418	290.084	-3.195	2	0.086
$X5$-Aa	-71.100	16.340	9.434	-111.692	-30.508	-7.536	2	0.017
$X5$-Bb	-51.700	10.096	5.829	-76.779	-26.621	-8.870	2	0.012
$X6$-Aa	-218.867	18.720	10.808	-265.371	-172.363	-20.250	2	0.002
$X6$-Bb	1.500	16.958	9.790	-40.625	43.625	0.153	2	0.892
$X7$-Aa	-3.533	0.777	0.448	-5.463	-1.604	-7.879	2	0.016
$X7$-Bb	-1.900	0.361	0.208	-2.796	-1.004	-9.127	2	0.012
$X8$-Aa	4.100	2.551	1.473	-2.238	10.438	2.783	2	0.108
$X8$-Bb	0.933	2.050	1.184	-4.160	6.026	0.788	2	0.513
$X9$-Aa	23.633	0.751	0.433	21.769	25.498	54.538	2	0.000
$X9$-Bb	1.967	3.215	1.856	-6.019	9.952	1.060	2	0.400
$X10$-Aa	-32.433	3.398	1.962	-40.873	-23.993	-16.534	2	0.004
$X10$-Bb	-26.000	2.170	1.253	-31.391	-20.609	-20.750	2	0.002
$X11$-Aa	3.933	5.139	2.967	-8.834	16.700	1.326	2	0.316
$X11$-Bb	38.333	3.786	2.186	28.929	47.738	17.537	2	0.003
$X12$-Aa	342.333	26.727	15.431	275.940	408.727	22.185	2	0.002
$X12$-Bb	539.667	24.583	14.193	478.599	600.735	38.023	2	0.001
$X13$-Aa	0.667	0.289	0.167	-0.050	1.384	4.000	2	0.057
$X13$-Bb	1.167	0.289	0.167	0.450	1.884	7.000	2	0.020
$X14$-Aa	2.167	0.289	0.167	1.450	2.884	13.000	2	0.006
$X14$-Bb	1.833	0.289	0.167	1.116	2.550	11.000	2	0.008

从表5-4可知，$X4-Bb$、$X6-Bb$、$X8-Aa$、$X8-Bb$、$X9-Bb$、$X11-Aa$、$X13-Aa$这7组配对样本的t统计量分别为-3.195、0.153、2.783、0.788、1.060、1.326、4.000，对应的概率p值分别为0.086、0.892、0.108、0.513、0.400、0.316和0.057，$|t| < 4.1$，$p > 0.05$，说明在置信区间为95%的条件下，$\mu_{Axi}-\mu_{axi}=0$，$\mu_{Bxi}-\mu_{bxi}=0$（$i=4$，6，8，9，11，13），即接受原假设H_0。其中，妆花缎样本A和B与其对应的素缎配对样本a和b在指标$X8$下均一致。虽然$X4-Aa$、$X6-Aa$、$X9-Aa$、$X11-Bb$、$X13-Bb$对应的概率p值小于0.05，拒绝原假设H_0，但由于只有一种规格的配对样本符合，认为指标$X4$、$X6$、$X9$、$X11$和$X13$无法代表云锦妆花缎面料的典型服用性特征。

与素缎面料相比，云锦妆花缎的典型服用性特征及分析如下：

$X1-Aa$、$X1-Bb$、$X2-Aa$、$X2-Bb$的t统计量分别为17.000、20.000、161.457、183.417，对应的概率p值分别为0.003、0.002、0.000、0.000，$|t| > 17$，$p < 0.05$，说明在置信区间为95%的条件下，$\mu_{Axi}-\mu_{axi} \neq 0$，$\mu_{Bxi}-\mu_{bxi} \neq 0$（$i=1,2$），拒绝原假设$H_0$，表示妆花缎样本$A$和$B$与其对应的素缎配对样本$a$和$b$在指标$X1$和$X2$下存在显著差异。从面料规格来看，面料厚度（$X1$）和每平方米克重（$X2$）是云锦妆花缎区别于素缎面料的典型服用性指标。

$X3-Aa$、$X3-Bb$的t统计量分别为64.2000、-9.692，对应的概率p值分别为0.000、0.010，$|t| > 9.7$，$p < 0.05$，说明在置信区间为95%的条件下，$\mu_{Axi}-\mu_{axi} \neq 0$，$\mu_{Bx}-\mu_{bxi} \neq 0$（$i=3$），拒绝原假设$H_0$，表示妆花缎样本$A$和$B$与其对应的素缎配对样本$a$和$b$，在指标$X3$下存在显著差异，因此，透气量（$X3$）是表征云锦妆花缎透通性的典型指标。

$X5-Aa$、$X5-Bb$、$X7-Aa$、$X7-Bb$、$X10-Aa$、$X10-Bb$的t统计量分别为-7.536、-8.870、-7.879、-9.127、-16.534、-20.750，对应的概率p值分别为0.017、0.012、0.016、0.012、0.004、0.002，$|t| > 7.6$，$p < 0.05$，说明在置信区间为95%的条件下，$\mu_{Axi}-\mu_{axi} \neq 0$，$\mu_{Bxi}-\mu_{bxi} \neq 0$（$i=5,7,10$），拒绝原假设$H_0$，表示妆花缎样本$A$和$B$与其对应的素缎配对样本$a$和$b$在指标$X5$、$X7$和$X10$下存在显著差异。云锦妆花缎保形性的典型特征表现在经向拉伸回弹性（$X5$、$X7$）和纬向折痕回复能力。

$X12-Aa$、$X12-Bb$、$X14-Aa$、$X14-Bb$这4组配对样本的t统计量分别为22.185、38.023、13.000、11.000，对应的概率p值分别为0.002、0.001、0.006、0.008；$|t| > 11$，$p < 0.05$，说明在置信区间为95%的条件下，$\mu_{Axi}-\mu_{axi} \neq 0$，$\mu_{Bxi}-\mu_{bxi} \neq 0$（$i=12,14$）拒绝原假设$H_0$，表示妆花缎样本$A$和$B$与其对应的素缎配对样本$a$和$b$在指标$X12$和$X14$下存在显著差异。相对于丝绸面料，云锦妆花缎的纬向抗弯刚度（$X12$）和抗起球能力（$X14$）为其外观性的典型特征指标。

二、云锦典型服用性特征分析

（一）透通性

透通性包括透气性、透湿性。面料的透气性、透湿性是影响服装舒适性的重要指标。通常情况下，用透气量来衡量织物的透气性；用水汽透过率来衡量织物的透湿性。根据表5-5中的数据显示，与素缎相比，妆花缎的透气性不均匀，同块面料的透气量之差最大值达到203mm/s（试样$A2$），这是由于妆花缎面料在局部挖花盘织了金线和丝绒。图5-21显示，素缎的最大透气量总是小于妆花缎，分析发现仅在妆织捻金线的面料区域透气量最大，而多层丝绒堆叠的区域透气量最小，说明捻金线立体性强，妆金使纱线空隙增大，透气量增大。$A1$~$A3$试样的透气量总体大于$B1$~$B3$试样，原因在于后者的花纬丝绒密度和面积均大于前者。这表明丝绒覆盖性好，组织间结构紧密，丝绒堆叠层数越多，空气越难透过面料。

表5-5　妆花缎及素缎样本透通性测试结果

编号	透气性	透湿性
	透气量 / （mm/s）	水汽透过率 / [g/（m² · d）]
$A1$	321.5 ± 98.5	10780
$A2$	327.5 ± 101.5	10480
$A3$	323.5 ± 91.5	11270
$B1$	122.4 ± 57.6	11170
$B2$	129.55 ± 62.45	10180
$B3$	115.25 ± 53.75	11220
$a1$	150	11910
$a2$	154	11040
$a3$	143	12270
$b1$	137	11840
$b2$	143	10670
$b3$	134	12570

就面料的透湿性而言，由于试样均采用蚕丝，这种亲水性纤维本身具有优良的吸湿性，可以将气态水分子吸附在表面，并与纤维内部亲水性基团发生水化反应，能够及时吸收人体因新陈代谢不断产生的"汗气"[7]，故试样的透湿性均较好，无论是横向对比还是纵向对比都没有显著性差异。$B1$~$B3$试样的水汽透过率总体略大于$A1$~$A3$试样，原因在于前者的花纹覆盖率高、面料厚度大，对水蒸气的黏滞力强，则水蒸气扩散时的阻力就越大[8]。

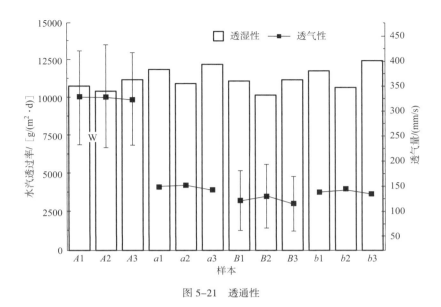

图 5-21 透通性

得益于所用的主体材料——蚕丝，妆花缎的面料透湿能力与真丝缎料同等优异。但受妆织工艺影响，背浮线的堆叠层数及花纹区域的不确定性是导致面料透气量分布不均匀的决定因素。在云锦服装设计制作过程中，可以提前测试所用妆花缎面料单位纹样的透气性，并结合人体出汗分布规律进行服装类型选择及板型设计，以维持人体—服装—环境间的良好微气候，提高体感舒适度。

（二）保形性

此处的保形性包括拉伸回弹性和折痕回复性。通常情况下，用断裂强力与断裂伸长率来衡量织物的拉伸回弹性，用折痕回复角来衡量织物的折痕回复性（表5-6）。

表5-6 妆花缎及素缎样本保形性测试结果

编号	拉伸回弹性				折痕回复性	
	断裂强力 /N		断裂伸长率 /%		折痕回复角 / (°)	
	经向	纬向	经向	纬向	经向	纬向
A1	954.3	1628.4	20.0	14.7	114.8	79.2
A2	946.2	1623.7	20.5	12.2	111.8	71.4
A3	974.5	1644.0	20.1	13.9	116.7	82.5
B1	965.2	1721.2	20.2	10.3	97.8	89.2
B2	936.8	1718.3	19.9	12.5	91.0	87.0
B3	984.9	1759.7	21.1	9.9	96.8	91.4

续表

编号	拉伸回弹性				折痕回复性	
	断裂强力 /N		断裂伸长率 /%		折痕回复角 / (°)	
	经向	纬向	经向	纬向	经向	纬向
*a*1	1021.3	1860.2	22.9	7.7	91.2	108.8
*a*2	1003.4	1821.1	23.8	10	87.4	107.6
*a*3	1063.6	1871.4	24.5	10.8	93.8	114.0
*b*1	1019.7	1738.7	22.4	9.4	93.5	113.8
*b*2	996.9	1711.4	21.4	9.5	92.7	111.9
*b*3	1025.4	1744.6	23.1	11	93.5	119.9

表5-6为样本拉伸回弹性与折痕回复性的测试结果。拉伸回弹性是评定服装面料内在质量的重要指标，它能反应面料抵御外力破坏及面料断裂时纤维的伸长变形能力。机织物的纬向断裂强力通常大于经向，如图5-22（a）所示。这与丝线的线密度和面料经纬密有关，表明面料纬向能够承受更大的外力。所有试样的经向断裂伸长率均大于纬向，如图5-22（b）所示，表示经丝的柔软性和弹性优于纬丝，这也是导致面料具有经向卷边性的原因之一。分析12块试样的断裂强力和断裂伸长率后发现，妆花缎与对应素缎之间在纬向上的两个指标均没有明显的差异，这说明妆织工艺对面料的拉伸回弹性影响不大。

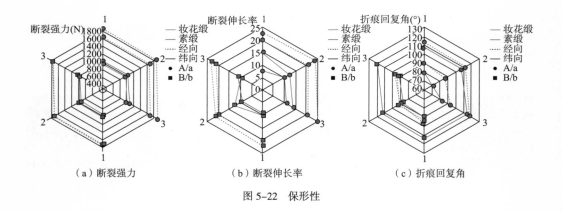

（a）断裂强力　　　　　（b）断裂伸长率　　　　　（c）折痕回复角

图 5-22　保形性

优良的折痕回复性能够减少因折皱导致的磨损，维持服装的平整，提高耐用性。从图5-22（c）可以发现，素缎的经向折痕回复角大于纬向，而妆花缎的纬向折痕回复角基本小于经向，且纬向总体数值明显小于素缎，差值约为30°。这是因为织物的折痕回复性与所用的材料有关，纤维及纱线的初始模量、弹性回复率越高，折痕回复性越好[9]。妆花缎所用的金线弯曲刚度大，柔韧性差，表面金箔在外力作用下变形后短时间内不易恢复。其中，妆花缎 A1~A3 的面料经向折痕回复角比 B1~B3 较大，原因是前者受到了经向卷边性的影响。

妆花缎的经向断裂强力和断裂伸长率虽稍逊于丝绸，但整体的抗拉伸能力处于较佳水平。由于纬向妆织易变形的金线等材料，面料的纬向折痕回复性不佳。在云锦服装板型设计中，使用妆花缎面料应尽量避开人体活动易弯曲的部位，如肘部、膝关节等部位，以维持服装的耐用程度。

（三）外观性

面料的硬挺度和抗起毛起球性能对服装外观形态至关重要。所有试样的硬挺度和抗起毛起球等级测试结果如表 5-7 所示。通常情况下，用抗弯刚度来衡量织物的硬挺度，用抗起毛性等级、抗起球性等级来衡量织物的抗起毛起球性。硬挺度指的是织物的软硬感，是织物的基本风格之一。硬挺的面料适用于线条明朗的款式，硬挺度感能够弥补人体的缺陷，增强织物的造型美，但面料过于硬挺会使成衣制作加大难度。从图 5-23（a）可以看出，妆花缎与其素缎的经向抗弯刚度相近，但纬向差异性非常大。妆花缎 A1~A3 的纬向硬挺度约为配对样本 a1~a3 试样的 4 倍，B1~B3 的硬挺度则是 b1~b3 的 9 倍。这是由于面料纬向妆织了捻金线和多色丝绒，从而使纬线的弯曲刚度增大，大大提高了面料的纬向硬挺度。妆花缎 B1~B3 纬向硬挺度大于 A1~A3，是因为前者的面料花纹区域广、丝绒覆盖率数值较大。

表 5-7 妆花缎及素缎样本外观性测试结果

编号	硬挺度		抗起毛起球性	
	抗弯刚度		抗起毛性	抗起球性
	经向	纬向	等级	等级
A1	32.8	432	1.5	3.5
A2	31	421	2	3.5
A3	37	498	1.5	3.5
B1	77	616	2	3
B2	72	577	2	3
B3	79	629	2.5	3
a1	26	102	1	1.5
a2	24	97	1	1
a3	39	125	1	1.5
b1	37	68	1	1.5
b2	31	65	1	1
b3	45	70	1	1

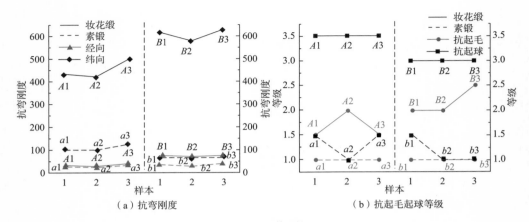

图 5-23　外观性

抗起毛起球性是影响面料整体美观性的重要因素。素缎的抗起毛能力很差，抗起球能力也较弱。但通过测试对比发现，妆花缎的抗起毛能力有所提高，比素缎提高了一个等级左右。妆花缎的花纬材料是采用无捻或弱捻的丝绒，虽然单纤细度小，也容易因钩丝、断裂而起毛，但面料紧度大，提高了面料抗起毛能力。观察经多次揉搓后的试样，发现妆花缎表面形成的毛球更少，抗起球能力明显提高，等级提升了近两倍，如图 5-23（b）所示。

从外观性评价来看，妆花缎面料硬挺，可作为支撑服装造型的局部面料，如立领、翻领领座和腰带等；虽然妆织工艺改善了妆花缎的起毛起球能力，但考虑到服装的外形美观度，在袖口、实用性插袋和腋下侧片等经常受到摩擦会起毛或起球的部位不建议使用云锦妆花缎。

［1］赵立环，王兵兵.织物拉伸弹性回复率与其力学性能的关系［J］.天津工业大学学报 2014，33（5）：18-21.

［2］任可心，李雪艳.论南京云锦材质服装的艺术风格及其在当代社会生活中的运用［J］.大众文艺，2019（14）：111-112.

［3］董兴明.浅谈云锦在现代服饰设计中的运用［D］.南京：南京艺术学院，2013.

［4］卞戎戎.云锦在现代服装设计中的应用［D］.南京：南京艺术学院，2006.

［5］王奕雯.南京云锦图案在服装设计中的应用研究［D］.北京：北京服装学院，2015.

［6］钟波，刘琼荪，刘朝林，等.数理统计［M］.北京：高等教育出版社，2015.

［7］戴济晏，徐伯俊，张洪，等.黏胶仿真丝织物的服用性能测试与分析［J］.丝绸，2017，54（1）：9-14.

［8］姚穆，周锦芳，杨淑珍，等．纺织材料学［M］.2版．北京：中国纺织出版社，
　　　2009：194-200.

［9］朱曼，潘志娟，汪吉艮，等．绢丝／壳聚糖混纺织物的服用性能［J］．丝绸，
　　　2016，53（1）：1-6.

第六章 ——

云锦图案纹理的数字化设计

PART 6

　　妆花是彰显云锦面料织造特征的品类，为了突出云锦面料的典型纹理特征，本书以妆花缎的图案纹理特征为例，定义妆花缎面料的纹理基元，确定影响纹样基元的控制元素及纹理基元控制模块，构建模块间的转化模型。基于计算机图形学方法，提出了妆花缎纹理基元仿真生成方法，并借助计算机编程技术，将纹理基元模型及方法功能进行封装，建立云锦妆花缎面料仿真纹理快速生成软件。

第一节 ▶ 纹理基元

　　采集云锦妆花缎多个实例样本，采用 xTex3D 面料扫描仪对妆花缎进行扫描，部分样本如图 6-1 所示。妆花缎的图案布局严谨，花地分明，可从花纹区域和底纹区域两个层面分析面料的纹理特征，并定义纹理仿真设计的纹理基元。

图 6-1　云锦妆花缎面料扫描图

一、花纹区域

　　妆花缎花纹区域的纹理特征由花纬材料决定，即丝绒、金线、孔雀羽线，以及固定花纬的间丝点（经线）。故定义具备丝绒、金线、孔雀羽线和间丝点纹理特征的二维图像为花纹区域的纹理基元，以下是具体纹理基元的纹理特征分析。

（一）丝绒纹理特征

丝绒是云锦妆花缎花纬的主体材料，线体柔软蓬松，覆盖性好，形成的纹理饱满。虽然丝绒规格较多，但丝绒织入面料所呈现的形态差异不大。颜色各异的丝绒受花纬密度和线密度影响，外观纹理差异主要体现在线体截面宽和相邻线间隙。图6-2（a）和图6-2（b）所示丝绒线密度相同，花纬密分别为150根/10cm和180根/10cm，前者单根丝绒的线体高度略大于后者，且上下相邻丝绒间存在间隙，后者则排列紧密。

（a）花纬密较小　　　　　　　　　　　　　（b）花纬密较大

图6-2　丝绒的形态差异

（二）金线纹理特征

金线是云锦妆花缎中应用较多的特色纱线。金线纹理特征差异体现在外观结构方面，由制备工艺差异决定，如图6-3所示。图6-3（a）和图6-3（b）分别为真金片金线和合金仿金片金线的纹理示意图，前者的金箔由含金量为99%真金制成，后者金箔为合金材质，二者箔料衬料均为竹制牛皮纸，且均采用传统金线制备工艺制成。真金片金线单根线体的高度略大于合金仿金片金线，在颜色方面，真金片金线呈哑光金黄色，而合金仿金片金线偏银黄色。图6-3（c）和图6-3（d）分别为真金捻金线和涤纶仿金捻金线，对应的箔片材质分别为含金量99%的金箔和涤纶薄片。相比真金捻金线，涤纶仿金捻金线无褙衬，加之所用芯线线密度小于真金线，故通常将两根线并作一股进行织造。从整体外观形态来看，抗弯刚度高的金线立体性能优良，织入面料后线体一般保持原始形态。

（三）孔雀羽线纹理特征

孔雀羽线是云锦妆花缎高档品种中的点缀用料。现代孔雀羽线的制作和传统捻金线的制备工艺类似，由孔雀羽螺旋缠绕直至成为纱线。采用孔雀羽线织造的花纹，其纹理形态也比较固定，外观似立绒，如图6-4所示。

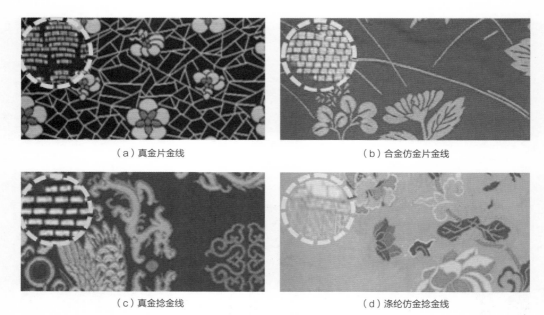

（a）真金片金线　　　　　　　　　　（b）合金仿金片金线

（c）真金捻金线　　　　　　　　　　（d）涤纶仿金捻金线

图 6-3　金线织成品对比图

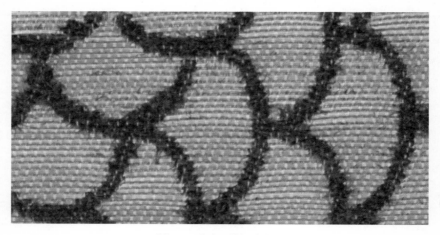

图 6-4　孔雀羽线织成品

（四）间丝点纹理特征

　　妆花缎为纬面显花复合缎纹组织，间丝点为一根单丝熟制经线固定花纬浮线时的经浮点。从图 6-2 中可以看出，间丝点排列井然有序，横向相邻经线间的距离相等，纵向相邻经线间的错位距离也相等，且单根经线的线密度固定。受妆织工艺的限制，当妆花缎的地料组织结构确定时，对应的显花组织有且仅有一种，即根据缎地可确定花部的组织结构。因此间丝点的分布规律由显花组织决定，而显花组织与缎地组织相关，进一步决定间丝点纹理的斜向角度。

二、底纹区域

云锦妆花缎底纹区域的纹理特征由经面缎地组织决定。在织造过程中，一部分经线与地纬线交织形成底布缎地组织，交织点间的距离较远，纬组织点被两侧经浮长所覆盖，布面交织点不明显，但仍能形成斜向纹路。由于经、纬线交织方式的差异，妆花缎常见的缎地组织有六种：五枚二飞经面缎纹、五枚三飞经面缎纹、七枚二飞经面缎纹、七枚四飞经面缎纹、八枚三飞经面缎纹和八枚五飞经面缎纹，对应的织成料扫描图如图6-5（a）～图6-5（f）所示。故具备经面缎地纹理特征的二维图像即被定义为底纹区域的纹样基元。

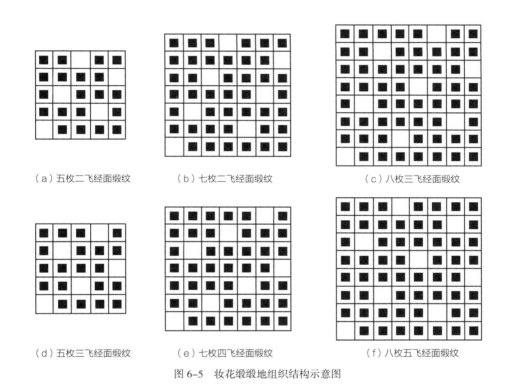

（a）五枚二飞经面缎纹　　（b）七枚二飞经面缎纹　　（c）八枚三飞经面缎纹

（d）五枚三飞经面缎纹　　（e）七枚四飞经面缎纹　　（f）八枚五飞经面缎纹

图6-5　妆花缎缎地组织结构示意图

第二节 ▶ 纹理基元控制模块

将云锦妆花缎制作工序与面料纹理基元特征相结合，从工艺、设计图、意匠图、纹理仿真图和物理性能五个模块挖掘影响纹理基元的控制元素。

一、工艺

工艺模块是基础模块，反映大花楼机织造妆花缎的工艺参数，超出指标范围将无法以妆花缎面料的形式表达。该模块是其他模块正常运行的工艺限制标准，对其他模块起约束作用。不同机型的适配的大纤总数、经线总数、面料幅宽、面料则数、范子片数和障子片数等都不同，其中范子和障子的数量决定面料组织结构的飞数和枚数。面料的大纤密度、经线密度、花纬密度和地纬密度可间接获得。因此，工艺模块中影响面料纹理基元生成的控制元素具体包括：大纤总数、经线总数、面料幅宽、面料则数、大纤密度、经线密度、花纬密度、地纬密度、组织结构的飞数和枚数。

二、设计图

设计图模块是对初始设计图进行整理，使之适用于妆花缎的织造工艺要求，衡量标准为设计图的分辨率，即像素。初始设计图若分辨率适中，则直接输入意匠图模块进行意匠绘制。若分辨率过高，图案内容的表达超出了妆花缎的工艺参数范围，则需对设计图进行调整。一般有两种解决方案：一是降低设计图内容的复杂程度，如由五层浪花构成的海水图案可以修改为三层；二是将单位纹样的实际织造尺寸放大，具体表现为降低工艺模块的面料则数。除了独幅图案，妆花缎的构图一般是重复循环的纹样，所以此处的设计图特指单位纹样。设计图的像素决定意匠图的内容构成及色彩信息，因此，设计图模块中影响面料纹理基元生成的控制元素可归纳为设计图的像素宽和像素高。

三、意匠图

意匠图模块主要解析意匠图的生成，也是连接设计图到纹理仿真图之间重要的桥梁模块。意匠图存储了面料织造和纹样特征等重要信息，决定了仿真图中纹理基元的分布、类型、尺寸和颜色。设计图转换成意匠图时，需在纹织CAD中输入单位纹样的参数：大纤数、花纬数、大纤密度和花纬密度。参数设置后，经"选色""分色""勾边"生成初始意匠图。基于花、地的整体布局，调整局部轮廓线条及纹样交接处，生成最终意匠图，生成过程如图6-6所示。需要注意的是，该意匠图仅用于生成仿真纹理，后续无须并色。而在实际织造过程中，制作花本时还需要在此基础上做并色处理，确定"铲数"。

图6-6（d）为最终意匠图，同色、连续闭合区域的意匠格代表一种纹理基元，如红色花瓣采用片金线织造，蓝色花瓣采用白色丝绒织造，蓝色不规则线条采用蓝色丝绒织造。在闭合区域内，每一行连续的意匠格代表固定长度的一根花纬，每一列意匠格代表一根大纤，一根大纤装造的经线数不定。通过以上分析，意匠图模块中控制元素可整理为：单位纹样大纤数、单位纹样花纬数、单位纹样大纤密度、单位纹样花纬密度和闭合区域内横向连续的意

   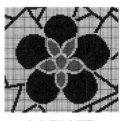

（a）单位纹样设计图　　（b）参数设置生成图　　（c）初始意匠图　　（d）最终意匠图

图 6-6　意匠图生成过程

匠格数。该模块的控制元素无法直接确定，需要再结合设计图模块的控制元素，由工艺模块提供相关的、具体的工艺参数，构建设计图生成意匠图的转化模型，经运算得出。

四、纹理仿真图

纹理仿真图模块主要解析妆花缎面料纹理基元的生成，具体包括单位纹样的尺寸和纹理基元的分布、类型及规格，是生成面料仿真纹理过程中最核心的部分。如图 6-7 所示，在妆花缎面料扫描图中，能够表征面料花纹构成的控制元素主要包括：面料单位纹样底宽、面料单位纹样侧高、实际纹理基元长、实际纹理基元高、间丝点左右相邻经线间距、间丝点上下（从右下往右上数）相邻经线间距和组织结构枚数、飞数。与意匠图模块相似，这些控制元素的具体数值也无法直接确定，需在已知相关的工艺参数、设计图的像素、意匠图的控制元素的条件下，构建意匠图生成纹理仿真图的转化模型，经运算得出。

 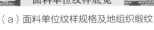 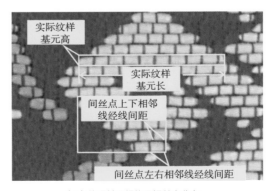

（a）面料单位纹样规格及地组织缎纹　　　　　（b）纹理基元规格及间丝点分布

图 6-7　纹理仿真图模块控制元素示意图

五、物理性能

物理性能模块为延伸模块，用于记录云锦妆花缎面料的规格参数及基本服用性能的量化指标，用定量数据表征面料的服用特征。目前对于云锦面料品质特征，由云锦匠人凭借大花楼机的构造及自身经验去把控。根据面料大纤总数、经线总数、大纤密度、经线密度、花纬密度、地纬密度，以及所用的材料类型对妆花缎面料进行等级划分，认为大纤总数高、经线用量多、花纬、地纬密度大，且采用真金线和孔雀羽线的妆花缎品质上乘。为了科学地评价妆花缎的服用性能，快速挑选适合的面料，该模块对面料的规格和基本服用性能数据进行了补充，为妆花缎的服装设计和创新应用提供理论依据。性能模块的具体控制元素包括：花纬线密度、地纬线密度、经线线密度、厚度、每平方米克重、透气量、透湿量、经纬向断裂强力、经纬向断裂伸长率、经纬向折痕回复角、经纬向抗弯刚度和抗起毛起球等级。其典型服用性能可关注厚度、每平方米克重、透气量、经向断裂强力、经向断裂伸长率、纬向折痕回复角、纬向抗弯刚度和抗起球能力。

第三节 ▶ 纹理基元控制模块转化模型

对五大控制模块中具体的控制元素进行编号，梳理各个模块间的关联关系，正向构建设计图生成意匠图的模块转化模型和意匠图生成仿真图的转化模型，作为仿真纹理的生成规则。

一、设计图转意匠图（DG Model）

基于妆花缎意匠图绘制工序，解析设计图与意匠图之间的关系，正向建立设计图生成意匠图的转化模型，简称DG Model，以确定意匠图的控制元素（单位纹样规格设置参数）。模型公式如式（6-1）~式（6-4）所示：

$$N_q = \frac{N_Q}{Z} \tag{6-1}$$

$$D_q = \frac{N_q}{W} \tag{6-2}$$

$$D_{hw} = D_q - x \tag{6-3}$$

$$N_w = N_q \times \frac{H}{L} \times \frac{D_{hw}}{D_q} \tag{6-4}$$

式中：N_q 为单位纹样大纤数，根；D_q 为单位纹样大纤密度，根/cm；D_{hw} 为单位纹样花纬密度，根/cm；N_w 为单位纹样花纬数，根；N_Q 为大纤总数，根；Z 为面料则数，则；W 为面料幅宽，cm；L 为设计图像素宽；H 为设计图像素高；x 为调整参数，$x=[0, 10]$。

在 DG Model 中，单位纹样大纤数表示一则纹样所需的大纤数，单位纹样大纤密度等于纹样大纤密度，表示每厘米所织入的大纤数，即计算大纤总数与面料幅宽的商。在确定设计图的像素宽 L 与像素高 H 后，根据设计图分辨率确定面料则数 Z 和所需的面料幅宽 W，便能确定 N_q 和 D_q 的数值。单位纹样花纬密度等于纹样花纬密度，其数值通常小于或等于大纤密度，故 D_{hw} 是在 D_q 的数值上进行调整，经调研分析，调整参数的取值范围大概为 $[0，10]$，为提高生产效率，一般调整参数不为 0。单位纹样花纬数表示一则纹样所织入的花纬数，当大纤密度与花纬密度确定后，假设 $D_{hw} < D_q$，单个意匠格的底宽与侧高不再等比，即 $D_{hw} : D_q$ 不等于 $1 : 1$，为了保持纹样不变形，横向的意匠格数目需要调整，由单位纹样大纤数 N_q 和设计图像素比 $\left(\dfrac{H}{L}\right)$ 进行换算，即公式（6-4）。

二、意匠图转纹理仿真图模型（GP Model）

研究意匠图对于云锦妆花缎面料纹理生成及规格的影响，分析意匠图转化成纹理仿真图的过程，正向建立意匠图生成纹理仿真图的转化模型（简称 GP Model），以确定纹理仿真图的控制元素。模型公式如式（6-5）~式（6-10）所示。

$$l = \frac{W}{Z} \tag{6-5}$$

$$h = \frac{H}{L} \times l \tag{6-6}$$

$$s = \frac{W}{Z} \times \frac{1}{N_q} \times n_q \tag{6-7}$$

$$t = \frac{h}{N_w} \tag{6-8}$$

$$d_1 = \frac{1}{D_j} \times N_m \times 2 \tag{6-9}$$

$$d_2 = \frac{N_m - N_f}{N_m} \times d_1 \tag{6-10}$$

式中：l 为面料单位纹样底宽，cm；h 为面料单位纹样侧高，cm；s 为实际纹理基元长，cm；t 为实际纹理基元高，cm；d_1 为间丝点左右相邻经线间距，cm；d_2 为间丝点上下相邻经线间距，cm；W 为面料幅宽，cm；Z 为面料则数，则；L 为设计图像素宽；H 为设计图像素高；n_q 为闭合区域内横向连续的意匠格数，个；N_q 为单位纹样大纤数，根；N_w 为单位纹样花纬数，根；D_j 为经线密度，根 /cm；N_m 为组织结构的枚数；N_f 为显花组织的飞数。

在 GP Model 中，意匠图决定了纹理基元的类型和分布。面料单位纹样的规格用底宽 l 和侧高 h 表示，面料单位纹样底宽表示一则面料的实际宽度，即计算面料幅宽 W 与则数 Z 的商；面料单位纹样侧高表示一则面料的实际高度，由设计图的像素比 $\left(\dfrac{H}{L}\right)$ 和面料单位纹样底宽 l

推算得出。纹理基元的规格用实际纹理基元长s和实际纹理基元高t表示，其中s的计算需获取单个意匠格对应的面料实际长度，即面料单位纹样底宽l除以单位纹样大纤数N_q，n_q个横向连续意匠格对应的面料实际长度即为实际纹理基元长s。实际纹理基元高t的理论值等于面料单位纹样侧高h除以单位纹样花纬数N_w，但进行仿真时，需要依据不同纹理基元的仿真图像进行微调重建。间丝点的分布用左右相邻经线间距和上下相邻经线间距表示，一般从面料右下方向左、向上有规律地排列。计算间丝点的左右相邻经线间距d_1，需已知一根经线所代表的长度，即经线密度D_j的倒数，再乘以一个相邻间丝点间的经线数（等于面料缎纹枚数N_m的二倍），即可确定d_1的值。其中经线密度D_j面料表示每厘米的经线总数，等于经线总数N_j除以面料幅宽W。间丝点上下相邻经线间距d_2的确定需先计算缎纹枚数和显花组织飞数的差，除以缎纹枚数后再乘以d_1，即向上平移t，再向左平移d_2，以此规律编排，再覆盖于面料花纬之上，便可完成间丝点的构建。

第四节 纹理基元仿真设计

定义包含丝绒、金线、孔雀羽线和间丝点纹理基元的花纹区域为纹理仿真图的前景图像，由经面缎地纹理构成底纹区域的扫描图为纹理仿真图的背景图像。就经面缎地纹理素材来源而言，可直接采用xTex3D面料扫描仪采集所需的素缎实例样本，根据面料的组织结构和经线密度，选取对应的经面缎地纹理扫描图。通过自动识别前景图像的底宽l和侧高h，以同规格的裁剪窗口截取底布素材作为背景图像，利用Image. paste函数，以正片叠底的方式将前景图像与背景图像合成最终的面料纹理仿真图。

前景图像中的纹理基元仿真设计较为复杂，需利用计算机图形学模拟不同纱线织入面料的纹理特征。纹理基元的仿真是基于意匠图的意匠格分布和色彩信息生成，但意匠图（像素为$N_Q \times N_{hw}$）内容模糊，尺寸远远小于真实面料，且当$D_{hw} < D_q$时图像呈现纵向压缩状态，当意匠图像素比调整为$D_{hw} : D_q$时，才可显示设计图纹样对应的正常比例。首先利用计算机图形学技术，提取意匠图的R、G、B三通道数值，创建像素值全为1、意匠图规格为$N_q \times$ width、$N_{hw} \times$ height的像素模板R0、G0、B0。width、height代表像素模板R0、G0、B0中意匠图像素底宽和侧高对应的放大倍数，其数值与面料对应的$D_{hw} : D_q$的比值相关，通过不断地实践与验证，可设置height=9为模拟纱线纹理基元的最小模板。由于云锦面料属于高档丝织提花面料，$12 \leq D_{hw} \leq D_q \leq 27$，且$D_{hw} - D_q = [0, 10]$。（width，height）数值计算的具体公

式如式（6-11）所示：

$$(\text{width},\ \text{height}) = (m_1 \times n,\ m_2 \times n)$$

$$\begin{cases} n = 9,\ \text{当} m_1 = 1;\ \text{或} m_1 = 3 \text{且} m_2 = 4 \\ n = \dfrac{9}{\left\lfloor \dfrac{9}{m_2} \right\rfloor},\ \text{当} m_1 \neq 1 \end{cases} \tag{6-11}$$

式中：$12 \leqslant D_{hw} \leqslant D_q \leqslant 27$，且 $D_{hw} - D_q$ 的取值范围为 0~10；$m_1 : m_2$ 是 $D_{hw} : D_q$ 的最简分数，D_{hw}、D_q 为整数；当 D_{hw}、D_q 为非整数时，$m_1 : m_2$ 为 $[D_{hw}+0.5] : [D_q+0.5]$ 的最简分数，其中，$[*]$ 表示按照四舍五入取整，$\lfloor * \rfloor$ 表示向下取整。

　　添加 creatmask 函数，用于识别连续同色的意匠格位置，再基于云锦丝绒、片金线和间丝在面料中的纱线特征，对单行连续同色意匠格按照不同纱线类型模拟外观形态，并进行阴影模拟的颜色处理。其中，在云锦妆花缎意匠图中，像素规格为底宽×侧高（$s \times t$）的一行连续同色意匠格，在像素模板中对应意匠格位置为像素规格为（$s \times \text{width}$，$t \times \text{height-}k$）的一有色矩形，k 为上下相邻纱线间预留的距离，$k = \dfrac{t \times \text{height}}{9}$；云锦丝绒意匠格对应生成的有色矩形从中间到上、下边缘分为多个层次，颜色依次变浅将意匠格转换成一条具备纱线纹理特征的仿真纱线，后填充至 R0、G0、B0 模板中，实现意匠图按 GP Model 转换成像素比为1：1的纱线纹理基元仿真图。

一、丝绒

　　丝绒呈条状，起始端与中止端呈现"凸弧"状，外观形态变化体现在线体高度上，受丝线规格及花纬密度影响。以图6-8（a）表征丝绒的意匠格为例，其原始意匠图的 D_{hw}、D_q 分别为16、24，根据公式（6-11），$m_1 : m_2 = [16+0.5] : [23.6+0.5] = 16 : 24 = 2 : 3$，因为 $m_1 \neq 1$，则 $n=3$，对应的放大倍数（width，height）$= (m_1 \times n,\ m_2 \times n) = (2 \times 3,\ 3 \times 3) = (6, 9)$，即可以模拟纱线纹样基元的最小模板将意匠图调整至正常比例。自动识别横向连续有色的意匠格位置及颜色，以 width=6、height=9-1 模拟丝绒外观形态，即一根丝绒的高度由8个原色像素点和一个白色像素点构成，宽度的像素点数等于6倍的连续意匠格数，再乘以对应的意匠格数，获取丝绒纹理特征仿真、像素比为1：1的初始长方体。

　　为了仿真丝绒纱线的立体纹理效果，通过像素的颜色渐变构建阴影。以长方体边缘的三行像素为一个单位，以中间原色的RGB值（r，g，b）为基准，由边缘向中心明度递减。云锦丝绒意匠格对应生成的有色矩形从中间到上、下边缘将像素颜色分为原色层（第 $3tk+1 \sim 5tk$ 行）、近色层（第 $2tk+1 \sim 3tk$ 行和第 $5tk+1 \sim 6tk$ 行）、过渡层（第 $1tk+1 \sim 2tk$ 行和第 $6tk+1 \sim 7tk$ 行）和最外层（第 $1 \sim 1tk$ 行和第 $7tk+1 \sim 8tk$ 行）。经多次实验比对，定义原色层为该云锦丝绒意匠格提取的意匠色（r，g，b），近色层、过渡层和最外层分别设置为（$r-m+40$，$g-m+40$，

$b-m+40$）、（$r-m+20$，$g-m+20$，$b-m+20$）和（$r-m$，$g-m$，$b-m$），$m=$shadow 为阴影明度差值，更加贴近真实丝绒纱线纹理的阴影效果。图6-8（b）所示为纹理基元丝绒的阴影仿真示意图，经多次实验校对，丝绒的阴影明度差 m 建议取100，更贴近真实效果。丝绒两端呈现凸弧状，因此要将多余的像素点转换成白底色，即图6-8（c）所示图像。图6-8（d）为最终形成的丝绒仿真图。

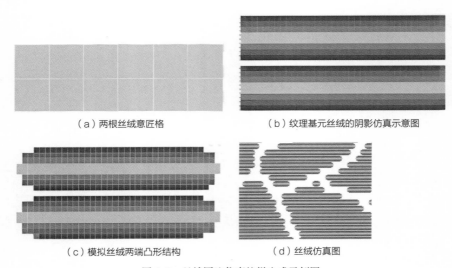

（a）两根丝绒意匠格　　　　　　　　　（b）纹理基元丝绒的阴影仿真示意图

（c）模拟丝绒两端凸形结构　　　　　　　　（d）丝绒仿真图

图6-8　丝绒同比仿真纹样生成示例图

需转换成白底色像素点为：

定义组成有色矩形的单位像素点为（i，j），i 表示行，j 表示列。所述部分像素区域的位置为第 $\dfrac{i\times\text{height}}{9}$ 行～$\dfrac{(i+1)\times\text{height}}{9}$ 行，第 $\dfrac{j\times6\times\text{width}}{\text{width}|6}$ 列～$\dfrac{(j+1)\times6\times\text{width}}{\text{width}|6}$ 列，i 和 j 的取值具体为（$i=0,1,2$；$j=0,1,2$）、（$i=0,1,2$；$j=5,6,7$）、（$i=5,6,7$；$j=0,1,2$）（$i=5,6,7$；$j=5,6,7$），式中［i:，j:］表示第 i 行至第 j 列的像素区域，其中"|"表示整除。

二、金线

金线的品类有限，真金片金线和仿金片金线在外形上一致，均为条状，但在颜色上存在差异。捻金线呈圆柱状，表面分布着片金螺旋缠绕形成的斜向间隙。真金捻金线和仿金捻金线颜色不同，且后者线体很细，通常将两根线并作一股织入面料。另外，鉴于现代新型金线使用量低，且外观效果不及真金线和仿金线，本书暂时不予研究。

片金线的生成方法与丝绒相似，整体的底宽和侧高转换比由丝绒决定，但具体形状处理不同，线体两端无须处理，规格和阴影明度差值 m 存在差异，图6-9（a）、图6-9（b）分别为真金片金线和仿金片金线的纹理仿真图。捻金线比片金线稍细些，表面具有因螺旋缠绕片金形成的间隙纹理，而真金捻金线比仿金捻金线更细，但仿金捻金线为双股并列。真金捻金线与仿金捻金线对应的纹理仿真图如图6-9（c）和图6-9（d）所示。为了快速生成金线，在设计意匠图时，定义真金片金线、仿真片金线、真金捻金线和仿金捻金线的意匠色RGB数值分别对应为$r=220$、$g=189$、$b=96$，$r=236$、$g=208$、$b=122$，$r=220$、$g=190$、$b=96$和$r=235$、$g=208$、$b=122$。

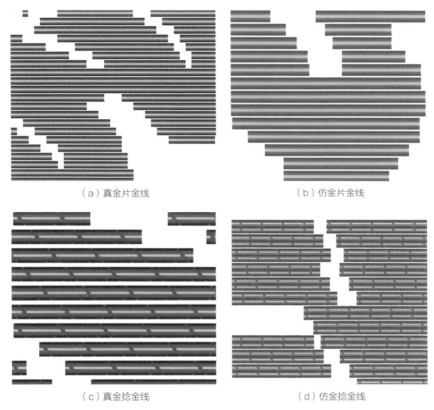

（a）真金片金线　　　　　　　　　　　　　（b）仿金片金线

（c）真金捻金线　　　　　　　　　　　　　（d）仿金捻金线

图6-9　金线纹理仿真图

三、孔雀羽线

现代云锦用孔雀羽线通常只有一种，线体规格有限，与金线类似，外观形态相对丝绒比较固定。由于孔雀羽线的颜色从不同角度观察会有变化，织入面料的孔雀羽线为立绒状，其纹理基元取真实线体扫描的二维图像。同样地，先定义孔雀羽线的意匠色，取$r=120$、$g=122$、$b=104$。将对应颜色的意匠格以丝绒的纹理仿真方法呈现，获取整体的纹理仿真图。再用算法识别孔雀羽意匠色生成的纹理基元的位置及规格，从素材库中提取图6-10（a）所示的孔雀羽线素材（长度不低于面料幅宽），将其重置成对应纹理基元高度，再自动截取实际的纹理基元长，替换对应的意匠色的纹理仿真图。完成替换的孔雀羽线纹理仿真图如图6-10（b）所示。

（a）孔雀羽线素材

（b）孔雀羽线仿真

图6-10　孔雀羽线纹理仿真图

四、间丝点

间丝点实为一根经线，线密度固定为3.5tex，线体纵向高度与丝绒纹理侧高一致。在同一像素模板中生成间丝点，单根间丝的像素规格为（$2 \times k$，$t \times height-k$），横向相邻间丝间的距离像素固定为d_1，纵向相邻间丝间的错位距离像素固定为d_2，d_1和d_2对应的像素值根据GP Model来确定。定义间丝点纹理的列宽列像素为gap，当hegiht为9时，最小纱线仿真纹样对应的gap=2。间丝点左右相邻经线间距像素由具体的数值转换比例确定，该数值与纬面显花缎纹组织相关，受经面缎地组织影响，外观差异体现在面料的斜向纹理上。定义a为间丝点纹理的斜率控制因子，则间丝点左右相邻经线间距像素为d_1=height×3，上下相邻经线间距像素d_2=a×6+gap×3，即在不同显花组织结构中，生成一个间丝点，横向间隔d_1×width/3个像素，纵向间隔d_2×height/3个像素，a的值可以调整。将生成的间丝点覆盖在生成的三种花纬仿真纹理基元的表面，即完成面料纹理仿真图的前景图像。另外，间丝点的颜色一般选用设计图的底纹颜色，即与背景图像的纹理仿真图颜色保持一致。

第五节 ▶ 云锦妆花缎纹理仿真设计软件

将纹理基元及仿真纹理生成设计方法进行封装，开发一款云锦妆花缎纹理仿真设计软件。

一、软件模块设计

（一）需求分析

软件的主要服务对象为云锦面料的设计者、生产者和定制云锦产品的客户，软件需达到由面料织造的工艺参数快速确定意匠图参数，基于意匠图快速生成面料纹理仿真图，并获取面料的纱线颜色、基本构成和基本服用物理性能参数等详细信息，具体需求如下：

（1）输入原始设计图，根据用户需求输入相关工艺参数，软件自动计算并确定初始意匠图的参数，输入纹织CAD软件，辅助云锦匠人绘制用于生成仿真纹理的意匠图。

（2）输入生成的意匠图，根据用户需求输入相关工艺参数，自动生成初始纹理仿真图。

（3）设置纹理基元参数调整端口，实现纹理基元的类型、颜色和尺寸的调用和更改。检查并调整纹理细节，生成最终的面料纹理仿真图。

（4）具备添加面料结构和基本服饰用物理性能参数的记录功能。

（5）保存并输出纹理仿真图至指定位置。

（6）自动存储用户输入的信息，方便面料信息的登记与管理。可将工艺参数、设计图规格、意匠图参数、纹理仿真图参数及面料物理性能自动整合成文本形式并导出。

（二）软件开发环境

以Window10为建设平台，在Pycharm集成环境中采用Python语言设计开发软件。软件界面的搭建采用的是PyQt工具包，该插件是Python与Qt库的结合体，可跨平台创建GUI应用程序。与使用C++语言编写的Qt图形库相比，PyQt不仅适用于该软件的Python语言，直接调用Qt库中的API，而且保留了Qt的高运行效率优势，有效提高软件的开发效率。另外，软件的运行需借助绘制云锦意匠图的纹织CAD软件。

（三）软件模块结构

根据需求分析，设计软件总体模块结构，由素材库、纹理仿真图生成和信息管理三个板块构成，如图6-11所示。

软件的素材库包括两个内容：一是建立云锦色彩信息库，在实际应用中，记录意匠图中的所有颜色RGB数值，并将实际织造时选用的纱线颜色名称一一对应，添加链接标签。二是扫描录入云锦妆花缎常用的六种经面缎纹底布纹理类型，建立相应的底布素材库，作为仿真纹理图的背景图像。其中，底布素材规格为78cm×100cm，颜色可借助PS软件调整，调整后的底布颜色RGB数值与实际织造时选用的经线颜色名称设置链接标签，完善底布素材类型。

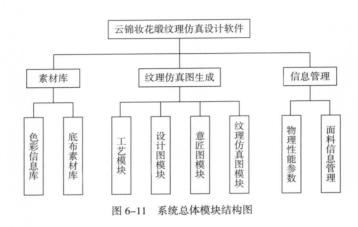

图6-11　系统总体模块结构图

纹理仿真图生成包括四个模块：工艺模块、设计图模块、意匠图模块和纹理仿真图模块，与所述的纹理基元控制模块一一对应。

（1）工艺模块表征满足用户要求及大花楼机织造条件的工艺参数，相关控制元素由云锦产品设计者、生产者和客户共同决定，其参数是其他模块正常运行的基础。

（2）将经整理后的设计图输入设计图模块，结合相关工艺参数，软件自动计算并显示意匠图模块的控制元素，用于输入纹织CAD软件，辅助云锦意匠师绘制意匠图。

（3）将设计好的意匠图导入意匠图模块，输入纹理仿真图生成模块的控制参数，选择对应的底布素材，即可自动生成面料纹理仿真图。

信息管理用于记录和整合面料信息。除了控制纹理仿真图生成的四个模块，还增加了面料物理性能参数模块。为直观了解面料基本信息及服用特征，云锦企业可对面料结构和基本服用性能进行测试（具体测试项目及要求可参照云锦妆花缎的典型服用特征），将相关数据录入系统。最后设置面料信息导出路径，软件程序会将五个模块涉及的所有参数以文本形式存储并导出，同时导出系统最终生成的面料纹理仿真图。

二、软件功能

采用PyQt工具包搭建的软件主界面如图6-12所示。该界面显示了五个模块的操作区域，可以实现主要功能和其他辅助功能的调用。

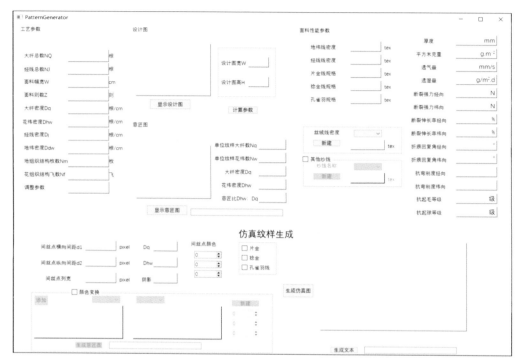

图 6-12 软件主界面

（1）工艺模块包括11项控制元素，基于客户对面料的质量与功能要求，由所适配的织机类型输入工艺参数的具体数值。

（2）在设计图模块中，点击"显示设计图"按钮，可输入设计图，软件程序会自动识别、显示图像的像素。点击"计算参数"按钮，基于 DG Model，后台自动计算、显示意匠图模块的5项控制元素。

（3）在意匠图导入软件之前，需采用纹织 CAD 软件打开经过整理的设计图，将计算出的5个意匠图规格参数对应输入，辅助意匠图的绘制。点击"显示意匠图"按钮，可将意匠图输入系统。

（4）根据间丝点计算公式自动计算间丝点间距、列宽、大纤密度和花纬密度，手动输入阴影（亮度梯度值 m）及间丝点颜色的 RGB 数值，点击"生成仿真图"按钮，软件将基于 GP Model 和纹理基元仿真设计方法自动生成与实际面料等大的初始面料纹理仿真图的前景图像。

（5）前景图像生成后将自动打开底布素材库文件夹，选择经过颜色处理的底布素材，自动截取与前景图像同规格的区域作为背景图像，与前景图像合成最终的面料纹样仿真图。

（6）面料纹理仿真图初始图像默认不显示金线和孔雀羽线的部分，可以通过勾选"片金""捻金"和"孔雀羽线"按钮，将对应的checkbox设置为enable状态，软件程序将自动识别不同织造材料对应的意匠色区域，显示或替换相应的纹理基元仿真图。

（7）为了满足用户对纹样的二次创造，在纹理仿真生成模块，软件对丝绒的颜色设置了相关的修改选项。从色彩信息库中找到纱线对应RGB的理想数值，点击"新建"按钮，添加到左侧显示框内。再次点击"新建"按钮，输入一个或多个替换色的RGB数值，在下拉菜单中选择后自动添加到右侧显示框内。点击下方的"生成意匠图"，系统将自动对意匠图颜色进行更改，选择存储路径并保存。

（8）间丝点的颜色、分布及纱线阴影明度差值也可调整，通过重置间丝点的间距、列宽、RGB及阴影对应的值实现。再次点击"生成仿真图"按钮，面料纹理仿真图相应更改。

（9）选择图像的存储路径，即可保存最终生成的面料纹理仿真图。

（10）在面料物理性能参数模块，妆花缎的经线线密度、地纬线密度、金线规格、孔雀羽线规格和基本服用性能参数为单一数值，相关指标数据可直接录入。花纬规格较多，需将其对应的checkbox设置为enable状态，按色彩信息库中的标签顺序添加对应的线密度数值。同理，若织入现代新型纱线，则勾选"其他纱线"，点击"新建"按钮添加记录。

（11）最后点击"生成文本"按钮，设置存储路径，可保存面料信息文本。

三、实例展示

为了清晰地展示该软件针对云锦妆花缎面料的纹理仿真效果，以几个云锦妆花缎实例为参照样本，对软件运行进行测试，并与现有软件生成的云锦妆花缎纹理仿真图及织成品面料扫描图做对比分析。

（一）设计图转换成意匠图

用户提供一张分辨率不低于300dpi的设计图，如图6-13所示。输入设计图模块，程序自动识别出图像的尺寸为2718像素×3073像素。该样本为单位纹样设计图，面料则数为3，所用的大花楼机的大纤总数为1800根，经线总数为10920根，织机面料门幅为78cm，实际花纹所占门幅为77cm（纤密按花纹实际门幅计算），经面缎地组织为七枚四飞经面缎纹，纬面显花组织为七枚二飞纬面缎纹。为了提高织造效率，调整参数X设置为7.9。

由以上工艺参数和设计图尺寸，软件自动计算出意匠图的5项参数：单位纹样大纤数为600根，单位纹样花纬数为456根，大纤密度为23.4根/cm，花纬密度为15.5根/cm，意匠比为15.5：23.4，理论上为16：23，但实际比值更接近2：3，为了仿真图规格更贴近真实面料，手动更改D_{hw}和D_q按钮中的数值，点击"生成仿真图"。在纹织CAD软件中绘制意匠图时，为方便后续仿真纹样的生成，面料底部颜色设置为白色，经细节处理获得样本的意匠图，如图6-14所示。由于面料大纤密大于花纬密，意匠图呈现纵向压缩状态。

图6-13 样本设计图　　　　　　　　图6-14 样本意匠图

（二）面料纹理仿真图生成

1. 纹理基元生成

样本花纹涉及仿金片金线和丝绒两种纹理基元，图6-15（a）为样本纱线纹理基元仿真图局部。这里丝绒阴影明度差值设置为100，仿金片金线的阴影明度差值为140。

样本间丝点纹理仿真图局部如图6-15（b）所示。计算出间丝点列宽对应的像素为2，侧高为9；根据间丝点公式，得到间丝点横向间距d_1对应的像素为$9×3=27$，间丝点纵向间距d_2对应的像素为$2×6+2×3=18$；手动更改D_q值为3，D_{hw}值为2；间丝点颜色为$r=184$，$g=45$，$b=44$，与设计图底纹一致。

2. 生成面料纹理仿真图

从软件素材库中提取七枚四飞经面缎纹底布素材作为背景图像，与生成的纹理仿真图前景图像合成，生成最终合成的面料纹理仿真图，如图6-16所示。

（a）样本纱线纹理基元仿真图局部　　　　　　（b）样本间丝点纹理仿真图局部

图 6-15　样本面料纹理仿真图前景图像局部

图 6-16　样本最终面料纹理仿真纹样图局部

（三）面料纹理仿真图效果

1. 纹织 CAD 面料纹理仿真图对比

图 6-17 为纹织 CAD 生成的云锦妆花缎布面纹样仿真图。与本软件生成的纹理仿真图对比，现有的云锦妆花缎纹理仿真软件存在以下问题：

（1）纱线均为条状，云锦用纱线形态模拟不佳。

（2）勾边的金线与丝绒形态相似，颜色非金色，未区分云锦不同纱线类型的外观效果。

（3）纱线亮度无渐变，缺乏立体效果。

（4）间丝点与真实丝线差异较大，花纹与底纹处的形态与颜色不一致，底布不具备经面缎纹的纹理效果。

图6-17　纹织CAD生成的云锦妆花缎布面纹样仿真图

2.织成料扫描图效果对比

图6-18（a）为本系统生成的面料仿真纹样图局部，图6-18（b）是采用xTex3D扫描仪扫描的织成料图像局部。面料仿真纹样与织成料扫描图的差异如下：

（1）从整体来看，面料纹理仿真图与织成料扫描图在纹理布局、造型和尺寸方面高度相似。

（2）虽然纹理颜色存在细微偏差，但可通过在软件中直接修改对应纹理基元的意匠颜色调整。

（3）仿真的花纬纹理基元具有立体性，外观形态逼真。

（4）间丝点的细度一致，分布及斜向纹理与底布相同。

（5）由于不存在手工误差的情况，纹理仿真图不存在疵点，比织成料的纱线排列更加规整。

（a）纹理仿真图局部　　　　　　　　　（b）织成料扫描图局部

图6-18　面料仿真纹样与织成料扫描图对比

（四）软件界面运行展示

云锦妆花缎实例样本的实验测试结果，将面料性能参数录入系统，同时输出面料的文本信息，最终的软件界面内容如图6-19所示。

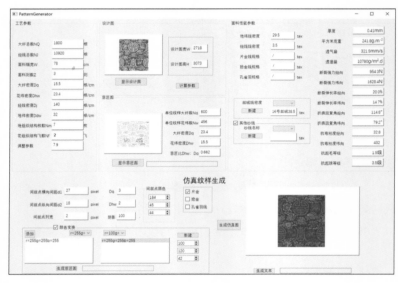

图6-19 软件主界面运行展示

整体而言，该软件操作简单，界面清晰，生成的纹理仿真图与织成料扫描图相似度高，解决了纹织CAD生成妆花缎纹理仿真图存在的问题，并扩充和完善了面料的服饰用物理性能参数。该软件可应用于云锦妆花缎的实际生产，为云锦面料的设计和创新应用提供实质性的帮助。

（五）更多实例展示

更多实例如图6-20~图6-23所示。

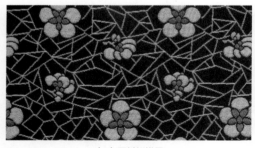
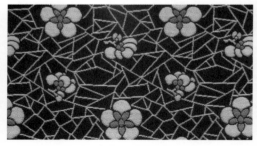

（a）面料扫描图　　　　　　　　　　　　　　（b）纹理仿真图

图6-20 实例1

（a）面料扫描图　　　　　　　　　　　　（b）纹理仿真图

图 6-21　实例 2

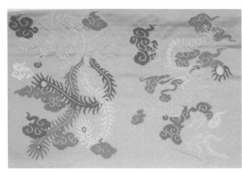

（a）面料扫描图　　　　　　　　　　　　（b）纹理仿真图

图 6-22　实例 3

（a）面料扫描图　　　　　　　　　　　　（b）纹理仿真图

图 6-23　实例 4

第七章 —— 云锦图案创新设计

第一节 ▶ 图案风格迁移

　　风格是艺术作品在内容与形式等层面所表现出的较为一贯而稳定的个性。风格迁移是指在保持图像内容不变的情况下，用另一幅图的纹理、颜色等风格对其进行重新渲染的过程。在艺术领域，风格没有标准的定义，因而早期对风格的迁移应用主要是通过数学建模的方式，如通过图像局部特征的统计模型来描述风格。人工建模能够保障数据的准确性，但需要消耗大量的人力和时间成本，并且一个程序只能做一种风格，应用非常局限。

　　近年来，由深度学习所引领的人工智能技术，越来越广泛地被应用到社会各个领域。其中，人工智能与艺术的交叉碰撞，不仅在相关的技术领域和艺术领域引起了高度关注，以相关技术为基础而开发的各种图像处理软件和滤镜的应用更是吸引了海量用户。在这种现象的背后，最核心的就是基于深度学习的图像风格迁移（Style Transfer）。

　　在风格迁移任务中，输入一张内容图和一张风格图，将风格的样式应用于内容图，可合成一幅新的图像。如图7-1所示，通过风格迁移合成了一张具有原内容和凡·高绘画风格的图像。

风格图　　　　　　　　　　内容图　　　　　　　　　　合成图

图7-1　风格迁移的实现

第二节 ▶ 基于深度学习的风格迁移模型

一、深度学习

深度学习是机器学习的一种，其核心是卷积神经网络。在机器视觉领域，输入特征就是原始图像中的每个像素。假设有一个全连接型神经网络，它的第一个隐藏层神经元的个数是1000，输入一幅512像素×512像素大小的彩色图像，则共有512×512×3×1000=786432000（7.86亿）个参数需要学习。在这样一个巨大的参数需求面前，很难有足够的图像对神经网络进行充分的训练，从而防止其过拟合。另外，存储7亿多甚至更大参数的神经网络对计算机的内存需求巨大，很多计算机难以承受。因此，在机器视觉领域，研究人员提出了卷积的概念，从而大大降低了神经网络需要学习的参数数量，同时还提高了对输入特征从底层到高层的提炼能力。

卷积神经网络由纽约大学的Yann Lecun于1998年提出，2006年深度学习理论被提出后，卷积神经网络的表征学习能力得到了关注，并随着数值计算设备的更新得到发展。自2012年的AlexNet开始，得到GPU计算集群支持的复杂卷积神经网络多次成为ImageNet规模视觉识别竞赛（ImageNet Large Scale Visual Recognition Challenge, ILSVRC）的优胜算法，包括2013年的ZFNet、2014年的VGGNet、GoogLeNet和2015年的ResNet。

卷积神经网络结构包括卷积层、池化层、全连接层。

（一）卷积层

卷积层的功能是对输入数据进行特征提取，其内部包含多个卷积核（矩阵）。一个卷积核一般包括：

1. 卷积核大小（Kernel Size）

卷积核的大小定义了卷积的大小范围，在网络中代表感受野［卷积神经网络每一层输出的特征图（Feature Map）上的一个点对应输入图上的区域］的大小，如图7-2所示。二维卷积核最常见的就是3×3的卷积核。一般情况下，卷积核越大，感受野越大，看到的图片信息越多，所获得的全局特征越好。但大的卷积核会导致计算量暴增，计算性能也会降低。

2. 卷积核的步长（Stride）

卷积核的步长代表提取的精度，定义了当卷积核在图像上进行卷积操作的时候，每次卷积跨越的长度。对于size为2的卷积核，如果步长为1，那么相邻步感受野之间就会有重复区域；如果步长为2，那么相邻感受野不会重复，也不会有覆盖不到的地方；如果步长为3，那

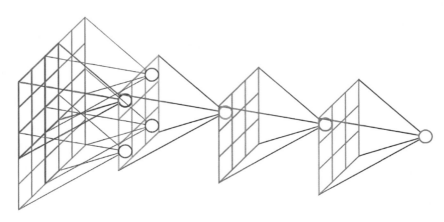

图 7-2　感受野概念的图形理解

么相邻步感受野之间会有一道大小为 1 像素的缝隙，从某种程度来说，这样就遗漏了原图的信息。

3. 填充步数（Padding）

卷积核与图像尺寸不匹配，会造成卷积后的图片和卷积前的图片尺寸不一致。例如，16×16 的输入图像在经过单位步长、无填充的 5×5 的卷积核后，会输出 12×12 的特征图。为此，填充是在特征图通过卷积核之前，人为增大其尺寸以抵消计算中尺寸收缩影响的方法。常见的填充方法为按 0 填充和重复边界值填充。填充依据其层数和目的可分为有效填充、相同填充/半填充、全填充、任意填充四类。

将卷积核滑动到二维图像上的所有位置，并在每个位置上与该像素点及其领域像素点做内积，称为卷积操作。卷积操作被广泛应用于图像处理领域，不同卷积核可以提取不同的特征，如边沿、线性、角等特征。在深层卷积神经网络中，通过卷积操作可以提取出图像从低级到复杂的特征。

（二）池化层

池化（Pool）即下采样（Down samples），目的是减少特征图，主要作用是通过减少网络的参数来减小计算量，并且能够在一定程度上控制过度拟合。通常在卷积层的后面会加上一个池化层。池化层选取池化区域与卷积核扫描特征图步骤相同，由池化大小、步长和填充控制。

池化操作对每个深度切片独立，规模一般为 2×2，常用的方式有均值采样（Mean Pooling）和最大值采样（Max Pooling），如图 7-3 所示。池化操作将保存深度大小不变。如果池化层的输入单元大小不是 2 的整数倍，一般采取边缘补零（Zero-padding）的方式补成 2 的倍数，然后池化。

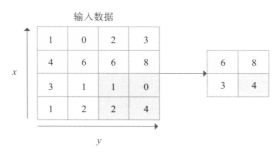

图 7-3 最大值采样

（三）全连接层

卷积神经网络中的全连接层等价于传统前馈神经网络中的隐含层。全连接层位于卷积神经网络隐含层的最后部分，并只向其他全连接层传递信号。特征图在全连接层中会失去空间拓扑结构，被展开为向量并通过激励函数。

按表征学习观点，卷积神经网络中的卷积层和池化层能够对输入数据进行特征提取，全连接层的作用则是对提取的特征进行非线性组合以得到输出，即全连接层本身不被期望具有特征提取能力，而是试图利用现有的高阶特征完成学习目标。

卷积神经网络模拟了人类视觉系统（HVS）对图像亮度、纹理、边缘等特性逐层提取的过程，其核心思想是将局部感知、权值共享结合，减少网络参数个数，并获得图像特征位移、尺度的不变性。

1. 局部感知

由于图像的空间联系是局部的，每个神经元不需要对全部的图像做感受，只需要感受局部特征即可，然后在更高层将这些感受得到的不同的局部神经元综合起来就可以得到全局的信息了，这样可以减少连接的数目。

2. 权值共享

不同神经元之间的参数共享可以减少需要求解的参数，使用多种滤波器去卷积图像就会得到多种特征映射。权值共享其实就是对图像用同样的卷积核进行卷积操作，也就意味着第一个隐藏层的所有神经元所能检测到处于图像不同位置的完全相同的特征。其主要的能力就是能检测到不同位置的同一类型特征，也就是卷积网络能很好地适应图像小范围的平移性，即有较好的平移不变性。比如将输入图像的猫的位置移动之后，同样能够检测到猫的图像。

二、损失函数

图像由内容和风格两大要素组成，内容决定图像中应该存在哪些目标对象及彼此间的位置关系（内容语义）；风格则控制图像的艺术样式、色彩、纹理细节等。因而风格迁移的主要问题在于如何分离图像的内容信息和风格信息，以及如何根据内容信息和风格信息重建新的图像。

深度卷积神经网络作为一种多层感知机，在图像特征表达方面具有非常大的优势，浅层网络可以学习到底层的特征（如边缘、颜色等），中层网络可以学习到中层图像特征（如形状、质地等），而深层网络可以学习到图像的高层语义特征（如人物、花卉等）。

Gatys[1]等人开创性地提出了基于卷积神经网络的图像风格迁移，迁移模型如图7-4所示。该方法利用预训练的VGG19卷积神经网络将图像的内容表示和风格表示进行分离，通过定义内容损失（Content Loss）和风格损失（Style Loss），对一幅随机初始化图像或直接对内容图，进行迭代优化得到合成图。

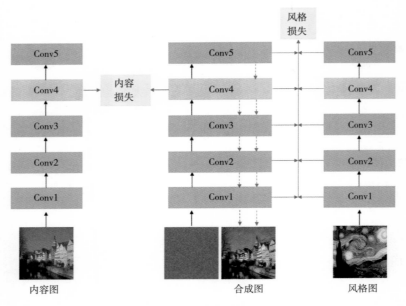

图 7-4　风格迁移模型

（一）内容损失

VGG19卷积神经网络有16个卷积层和3个全连接层。在风格迁移时，去除用于分类的全连接层。以池化层表示一个卷积块的结束，将VGG19网络分成5个卷积块，并分别命名为Conv1、Conv2、Conv3、Conv4、Conv5。

由于高层卷积网络重点保留图像的轮廓、语义内容等信息，因此选取内容图 C 和合成图 G 在卷积神经网络第四层的特征矩阵，两个特征矩阵的平方误差为内容损失，具体见式（7-1），其中 $a^{[l]}(I)$ 为图像 I 在第 l 层经过卷积获得的激活值矩阵，其大小为 $n_C^{[l]} \times n_H^{[l]} \times n_W^{[l]}$。

$$L_{\text{content}} = \frac{1}{2} \sum_{l \in \{l_{\text{content}}\}} \left\| a^{[l]}(C) - a^{[l]}(G) \right\|^2 \tag{7-1}$$

（二）风格损失

图像的风格包括色调、纹理、光影明暗等，是一个非常抽象的概念，无法直接用一个公式描述，Gatys 等提出利用同一层的特征间的相关性描述风格，而这种相关性可以用格拉姆矩阵表示。格拉姆矩阵可以看作特征矩阵之间的偏心协方差矩阵（即没有减去均值的协方差矩阵），在特征矩阵中，每个数字都来自一个特定滤波器在特定位置的卷积，因此每个数字代表一个特征的强度。在内积之后得到的多尺度矩阵中，对角线元素提供了不同特征图各自的信息，其余元素提供了不同特征图之间的相关信息。这样一个矩阵，既能体现出有哪些特征，又能体现出不同特征间的紧密程度。

因此格拉姆矩阵计算的实际上是两两特征之间的相关性，用于度量各个维度自己的特性及各个维度之间的关系，如哪两个特征是同时出现的，哪两个是此消彼长的等。格拉姆矩阵 $G(I)$ 具体的运算方法如式（7-2）所示，其中 $a^{[l]}(I)$ 为图像 I 在第 l 层经过卷积获得的，大小为 $n_C^{[l]} \times n_H^{[l]} \times n_W^{[l]}$ 的激活值矩阵，$a^{[l]}(I)'$ 为 $n_C^{[l]} \times n_H^{[l]} \times n_W^{[l]}$ 矩阵。

$$G(I) = \frac{\left[a^{[l]}(I)' \right]\left[a^{[l]}(I)' \right]^T}{n_C^{[l]} \times n_H^{[l]} \times n_W^{[l]}} \tag{7-2}$$

风格损失的计算与内容损失类似，也是通过计算风格特征间的平方误差得到的。首先，分别计算风格图 S 和合成图 G 的格拉姆矩阵，它们的平方误差即为风格损失。由于深浅层网络提取的特征不同，为全面概括图像风格特征，统计所有下采样层的风格损失，记为总风格损失，见式（7-3）。

$$L_{\text{style}} = \sum_{l \in \{l_{\text{style}}\}} \frac{1}{2} \left\| G(S) - G(G) \right\|^2 \tag{7-3}$$

（三）总损失

为了控制生成图片内容和风格的比重，分别设置了内容和风格损失权值 α、β 以调整风格迁移效果，因此总损失如式（7-4）所示：

$$L_{\text{total}} = \alpha L_{\text{content}} + \beta L_{\text{style}} \tag{7-4}$$

显然，α 设置得越大，得到的合成图就更接近内容图，反之则更接近风格图。因此需要不断调整 α 和 β 以达到满意的效果。一般来说，在优化过程中，要使损失值处于同一个数量级。

第三节 迁移效果质量评价

一、主观评价

风格迁移是一项艺术类任务,其主观评价通常采用用户调查的方式。选用不同分类的内容图和风格图,随机搭配生成风格化图像,随机选择用户对风格图像进行打分。常见的主观评价包括不同迁移参数获得的不同迁移效果评价(图7-5)、不同的内容图和风格图的搭配效果评价(图7-6)、不同迁移模型获得的迁移效果图评价(图7-7)。

图7-5 不同迁移参数获得的效果

图7-6 不同内容图与风格图的搭配效果

图7-7 不同迁移模型获得的迁移效果

二、客观评价

通过对风格化图像的主观评价,可以直观地感受迁移效果的优劣,但视觉评价具有较强的主观性,无法统一衡量图像的质量。因此,通常使用结构相似性(SSIM)、峰值信噪比(PSNR)、平均梯度(AvG)、$Q^{AB/F}$ 四个指标[2]作为评价标准来定量评价迁移效果图的质量。

（1）结构相似性（SSIM）通过像素计算。将图像定义为亮度（l）、对比度（c）、结构（s）三个不同因素的组合。用均值作为亮度的估计，标准差作为对比度的估计，协方差作为结构相似程度的度量。每次计算时从图片上取$N \times N$的窗口，不断滑动窗口，取所有窗口的均值作为整幅图像的SSIM。SSIM数值范围为0~1，数值越接近1表明两幅图像相似度越高。具体计算公式如式（7-5）所示：

$$\text{SSIM}(a,b) = \frac{(2\mu_a\mu_b + C_1)(2\sigma_{ab} + C_2)}{(\mu_a^2 + \mu_b^2 + C_1)(\sigma_a^2 + \sigma_b^2 + C_2)} \tag{7-5}$$

式中：μ_a、μ_b分别表示a、b样本的均值；σ_a、σ_b分别表示a、b样本的方差；σ_{ab}为a和b的协方差；C_1、C_2为两个常数，避免除零。

为了综合评价迁移效果，分别计算效果图与风格图、内容图的SSIM值（G_s、G_c），取G_s和G_c的均值作为综合相似度评价指标。

（2）峰值信噪比（PSNR）由图像信号峰值与均方误差来决定，能够反映图像的失真程度。图像X与参考图像R的峰值信噪比定义为式（7-6）：

$$R_{\text{PSN\_X,R}} = 10 \log \frac{k^2}{\frac{1}{M \times N} \sum_{i=1}^{M} \sum_{j=1}^{N} [X(i,j) - R(i,j)]^2} \tag{7-6}$$

式中：M、N为图像尺寸，i、j为像素位置，k为图像的最大灰度等级。风格迁移效果图评价，需要分别计算风格化图像与内容图、风格图的峰值信噪比，再取两个值的均值。PSNR的值越大，表明风格化图像的效果越好。

（3）平均梯度（AvG）量化了迁移图像的梯度信息，可表征图像的细节和纹理特征。AvG的值越大，表明迁移图像包含的细节纹理越多。设F是大小为$M \times N$的图像，F在位置（i, j）处的灰度值为$F_{(i, j)}$，则平均梯度的表达式为式（7-7）：

$$\Delta_{AvG} = \frac{1}{(M-1) \times (N-1)} \sum_{i=1}^{M-1} \sum_{j=1}^{N-1} \sqrt{\frac{\left[\frac{\partial F(i,j)}{\partial i}\right]^2 + \left[\frac{\partial F(i,j)}{\partial j}\right]^2}{2}} \tag{7-7}$$

（4）$Q^{AB/F}$利用局部度量来估计输入显著信息在风格化图像中的表现程度，$Q^{AB/F}$的值越高，表示风格化图像的质量越好，定义式为式（7-8）：

$$Q^{AB/F} = \frac{\sum_{i=1}^{M} \sum_{j=1}^{N} [Q^{AF}(i,j)\omega^A(i,j) + Q^{BF}(i,j)\omega^B(i,j)]}{\sum_{i=1}^{M} \sum_{j=1}^{N} [\omega^A(i,j) + \omega^B(i,j)]} \tag{7-8}$$

式中：Q^{AF}和Q^{BF}为边缘强度和方向的保留值，ω^A和ω^B表示源图像对风格化图像重要性的权重，$Q^{AB/F}$的数值越接近1，代表边缘信息的保留效果越好。

第四节 ▶ 云锦风格迁移自动化设计

云锦配色丰富、图案精美、织造精细，代表了中国传统丝绸织造工艺的最高水平。为了呈现逐花异色的效果，云锦图案色彩往往多达数十种，传统的织造工匠通常采用色晕口诀、片金绞边、大白相间等技巧对纹样进行配色，完成图案设计。云锦图案的传统设计方法耗时长、效率低，且受到工艺传承人技能水平的影响，极大地限制了云锦图案的创新设计和产品活化传承。

风格迁移能够快速将一张图片的风格迁移到另一张内容图上，作为以图案设计为特色的云锦，同样非常适合采用图像风格迁移的方法完成图案设计。

一、云锦局部风格迁移模型

云锦是重纬提花织物，其花纬使用较粗的丝绒，地纬则是较细的熟丝，由于花纬覆盖了地纬，花纹部分就只呈现丝绒的纹理。因此，云锦虽然是整体织造的，视觉上却像是花纹绣在底布上呈现的立体效果。

原始的风格迁移是整体迁移（背景也会色彩杂乱），无法体现云锦的图案特点，且云锦图案色彩丰富，利用原始风格迁移算法生成的效果图容易出现色彩混杂、目标纹样轮廓和内容不清晰等问题，设计效果不够理想。

为了传承和创新云锦设计与应用，在原始迁移模型的基础上，提出了云锦局部风格迁移模型如图7-8所示。首先，在内容损失和风格损失的基础上增加了全变分损失，尽可能地降低全变分损失，使邻近的像素值相似。其次，获取目标纹样掩码图，用于区分纹样与背景，清晰纹样轮廓。最后，语义分割更易识别的云锦风格效果图。

（一）全变分损失

全变分在图像处理中最有效的应用是图像去噪和复原。其原理为：具有过多和可能是虚假细节的信号具有高的总变分，即信号的绝对梯度的积分是高的。根据该原理，减小信号的总变分，使其与原始信号紧密匹配，去除不需要的细节，同时保留诸如边缘的重要细节。受噪声污染的图像的总变分比无噪图像的总变分明显较大。限制总变分就会限制噪声。用在图像上，全变分损失可以使图像变得平滑。

风格迁移得到的合成图像里面有大量高频噪点，即有特别亮或者特别暗的颗粒像素，在风格迁移中加入全变分损失，能够使邻近的像素值尽可能地相似，有利于提高合成图的质量。假设 $X_{i,j}$ 表示坐标（i,j）处的像素值，则全变分损失（L_{Tv}）可表示为式（7-9）：

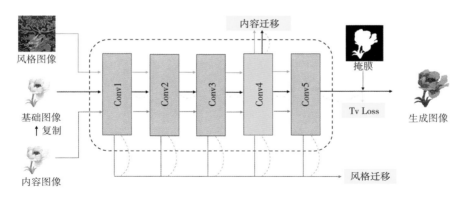

图 7-8　云锦局部风格迁移模型

$$L_{Tv} = \sum_{i,j} \left| X_{i,j} - X_{i+1,j} \right| + \left| X_{i,j} - X_{i,j+1} \right| \tag{7-9}$$

（二）局部掩膜图

从物理角度来看，在半导体制造中，许多芯片工艺步骤采用光刻技术，用于这些步骤的图形"底片"称为掩膜（也称作"掩模"），其作用是：在硅片上选定的区域中对一个不透明的图形模板进行遮盖，继而下面的腐蚀或扩散将只影响选定区域以外的区域。图像掩膜与其类似，用选定的图像、图形或物体，对处理的图像（全部或局部）进行遮挡，来控制图像处理的区域或处理过程。掩膜通常用于提取感兴趣区、屏蔽区域、结构特征提取、特殊形状图像的制作。获得掩膜的途径有计算机辅助设计软件（PS之类）、图像分割算法（Grabcut）、语义分割（FCN）、实例分割（Mask R-CNN）等。

1. 计算机辅助设计软件

以PS软件为例，利用快速选择工具选中区域，填充白色像素。反选区域，填充黑色像素，得到掩膜图。

2. 图像分割算法

GrabCut算法在框选出目标区域后，将选框以外的部分视为背景区域，将选框以内的区域视为可能的前景区域。用高斯混合模型来对前景和背景建模，并将未定义的像素标记为可能的前景或背景。图像中的每一个像素都被认为是通过虚拟边与周围像素相连接。每一个像素（即算法中的节点）会与一个前景或背景节点连接。在节点完成连接后（可能与背景或前景连接），若节点之间的边属于不同终端（即一个节点属于前景，另一个节点属于背景），则会切断他们之间的边，这就能将图像各部分分割出来。

3. 语义分割

对图像进行语义分割实际上就是对图像上的各个像素进行分类。FCN可以接受任意尺寸的输入图像，采用反卷积层对最后一个卷积层的特征图进行上采样，使它恢复到输入图像相同的尺寸，从而可以对每一个像素都产生一个预测，同时保留了原始输入图像中的空间信息，最后对上采样的特征图进行像素的分类。此外，FCN把CNN最后的全连接层换成了卷积层，其输出的是一张已经标记好的图。针对输入图像，利用FCN神经网络，分割得到含有语义标签的语义分割图。为了获取输入图像的前景与背景，依据分割图标签进行二值化，生成掩码图，使掩码图中每个像素值均被设置为0或1，其中值为0的像素点集对应于在风格迁移过程中希望保持不变的区域，而值为1的像素点集对应于图像中待风格化的区域。

4. 实例分割

Mask R-CNN首先将输入的原始图片送到特征提取网络得到特征图，然后在特征图的每一个像素位置设定固定个数的ROI/Anchor（默认15个），将这些ROI区域馈送到RPN网络进行二分类（前景和背景）以及坐标回归，找出所有存在对象的ROI区域。紧接着通过ROIAlign从每个ROI中提取特征图最后对这些ROI区域进行多类别分类，候选框回归和引入FCN生成Mask，完成分割任务。

云锦局部风格迁移模型输入的为云锦风格图、现代内容图、内容图的掩码，首先复制内容图作为底图，将以上四张图片输入预训练好的VGG19网络，通过卷积提取特征矩阵。其次利用内容图和底图的特征矩阵计算内容损失［见式（7-1）］，利用云锦风格图和底图的格拉姆矩阵计算风格损失［见式（7-2）、式（7-3）］，利用全变分损失提高合成图质量［见式（7-9）］。总损失为内容损失、风格损失和全变分损失的加权和，见式（7-10），其中 α，β，γ 分别为对应损失的权重，可根据风格需要进行调整。

$$L_{total} = \alpha L_{content} + \beta L_{style} + \gamma L_{color} \qquad (7-10)$$

选用Adam[3]优化器优化总损失，反馈更新底图的像素，确保迭代生成的底图在保留原内容的情况下，更接近云锦图像的风格。最后结合掩码图，输出轮廓清晰的高质量云锦风格迁移效果图。

二、云锦风格自动化设计

自从2012年深度学习算法取得了ImageNet图像分类比赛冠军后，各种深度学习模型被广泛应用于计算机视觉。由于深度学习需要大量的训练数据和高级的计算机配置，这些对于客户端都属于过重的负荷。我们采用在服务器上训练好模型移植到客户端的方式，这种方式的优点在于不需要依赖深度学习环境且操作方便易懂。

本章节实现的目标是用户可以在App上选择自己喜欢的云锦风格照片和待迁移的照片，然后快速运行风格迁移，系统结构示意图如图7-9所示。

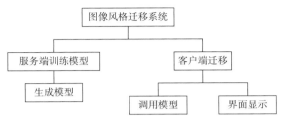

图 7-9　系统结构示意图

由图可知，整个系统分为两大部分：调用模型和界面显示部分。调用模型部分是系统的核心部分，在实际代码构建方面，使用的 PyTorch 是兼具全面和易用的深度学习框架，这是基于 Python 语言的 API，最大程度上方便了软件的开发和测试；界面显示部分是直接面向用户的部分，使用 PyQt 完成界面的代码设计。PyQt 是一个创建 GUI 应用程序的工具包，是 Python 编程语言和 Qt 库的成功融合。

关于云锦风格自动化设计软件，用户首先通过相册模块获取照片库里的内容图像，系统界面展示提供的风格图和内容图，判断两张图片内容是否完整。确定图像无误则调用模型模块，进行指定的风格迁移，最后将生成的结果显示到界面，具体如图 7-10 所示。

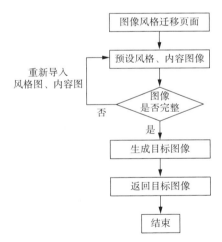

图 7-10　云锦风格自动化设计流程图

以下为云锦风格自动化设计软件的截图，该软件主要包含三部分（图 7-11），左半部分为图像导入区域，可以实时调取图片库的相关图片；右半部分为风格图像和内容图像展示区域，用以确认图文是否吻合；最下面为合成图创建按钮。

以深绿色龙莲图为例，导入风格图和内容图，点击 "Create"，获得如图 7-12 所示的合成效果图。

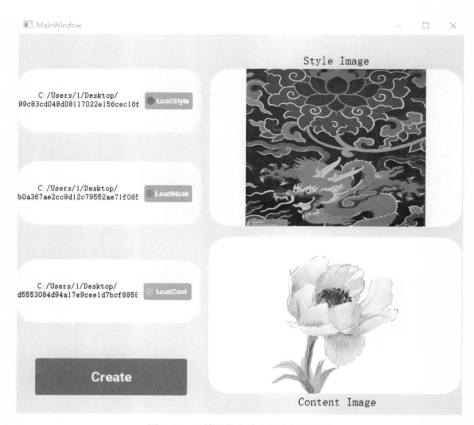

图 7-11 云锦风格自动化设计软件界面

图 7-12 迁移合成效果图

第五节 ▶ 云锦创新设计实例

一、云锦色彩风格分类

云锦图案的配色以华丽为主，但由于各个历史阶段崇尚的艺术风气不同，云锦的配色风格也有所差异。为了更好地将云锦的色彩与现代服饰系列设计融合，首先需要对云锦的色彩风格进行分析和分类。

目前，色彩领域国际通用且使用率较高的色彩体系分别是孟塞尔体系、奥斯特瓦德体系、NCS体系[4]、PCCS体系[5]。在PCCS色彩体系中，色调是由色彩的纯度和明度综合形成的色味感，不局限于某一种色相。因此需要提取样本图片的明度、纯度，构成色调，以便于色彩风格的分类。

（一）明度

明度是指色彩的明暗程度，明度较高的色彩给人轻盈之感，明度较低的则有沉重感。明度计算公式与色彩RGB值相关，对于整个图像，采用整体像素R、G、B各通道均值来描述图像色彩的基调。以R通道为例，计算公式见式（7-11），其中$\sum P_i$表示图像中的像素的数量和，$P(R)$表示像素的R值。图像总明度公式见式（7-12）。

$$\overline{R} = \frac{\sum P(R)}{\sum P_i} \quad (7-11)$$

$$V = 0.299 \times \overline{R} + 0.587 \times \overline{G} + 0.114 \times \overline{B} \quad (7-12)$$

（二）纯度

色彩纯度也称色彩的饱和度或彩度，色彩纯度的强弱，是指色相感觉明确或含糊、鲜艳或浑浊的程度。色彩纯度越高，就越鲜艳纯粹，给人以软的感觉。纯度越低就越深暗，则有硬的感觉。图像纯度计算以整体像素R、G、B各通道均值为基础，具体公式如式（7-13）所示：

$$rg = \overline{R} - \overline{G}$$

$$yb = \frac{1}{2}(\overline{R} + \overline{G}) - \overline{B}$$

$$\sigma_{rgyb} = \sqrt{\sigma_{rg}^2 + \sigma_{yb}^2} \quad (7-13)$$

$$\mu_{rgyb} = \sqrt{\mu_{rg}^2 + \mu_{yb}^2}$$

$$C = \sigma_{rgyb} + 0.3 \times \mu_{rgyb}$$

笔者选取了40张具有代表性的云锦图片，作为实验测试的样本。测试图像均为同一相机在相同光源条件下进行实物拍摄的照片。为实现数值归一化，将每个彩色像素点 P_i 除以 255。使用明度、纯度提取算法，分别提取云锦样本图片的明度和纯度。

　　获取云锦图片特征值后，利用无监督聚类算法中的 K-Means 算法，对特征指标进行聚类，简要归纳色彩风格。K-Means 聚类算法在聚类算法里属于划分法，其目的是将样本集划分为 k 个簇，簇内距离尽量小，簇间距离尽量大。算法需要预先指定 k 个初始聚类中心，通过计算子类中各点到聚类中心的距离，不断更新聚类中心的位置直至聚类中心不再变化，得到最终聚类结果。

　　PCCS 体系以 24 色相为主体，将色彩分成 9 个色调，分别以清色系、暗色系、纯色系、浊色系命名。参考 PCCS 体系，以明度和纯度为特征指标，设置 K-Means 聚类算法中 k 值为 9，将云锦图片样本分为 9 类。接着计算每类样本纯度和明度的均值，获得表 7-1 中的数据。

表 7-1　样本特征均值

类别	纯度均值	明度均值	色调特点
1	0.322	0.36	高纯度、中明度
2	0.262	0.418	高纯度、中明度
3	0.216667	0.45	中纯度、中明度
4	0.2	0.50	中纯度、中明度
5	0.11	0.55	低纯度、高明度
6	0.17	0.35	低纯度、中明度
7	0.14	0.3775	低纯度、中明度
8	0.3	0.4666	高纯度、中明度
9	0.074286	0.3557143	低纯度、中明度

　　根据云锦样本特征均值的分布，将纯度均值处于 0.05~0.2 范围内的类别定义为低纯度，0.2~0.25 的为中纯度，0.25~0.35 的为高纯度。云锦色彩的明度普遍较高，分为中明度（0.3~0.5）与高明度（0.5 以上）。归纳每类样本的色调特点，将九类云锦图片分为高纯度中明度、中纯度中明度、低纯度高明度、低纯度中明度四种风格，风格分类的部分样本如图 7-13 所示。

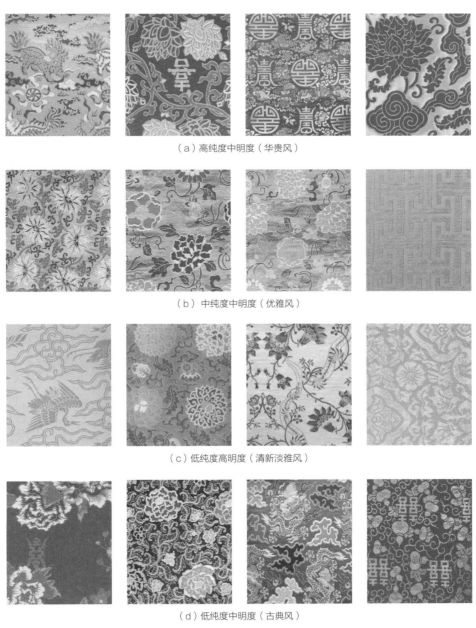

（a）高纯度中明度（华贵风）

（b）中纯度中明度（优雅风）

（c）低纯度高明度（清新淡雅风）

（d）低纯度中明度（古典风）

图 7-13　风格分类部分样本

二、云锦图案创新设计与应用

为了实现云锦图案的创新设计，检索了一些现代的图案，包括卡通、风景、建筑等。从四种云锦色彩风格图中各选一张分别作为风格图，现代纹样作为内容图，利用风格迁移算法将内容图云锦化。不同风格的迁移效果图如图7-14所示，图7-14（a）从上到下分别为华贵风格、优雅风格、清新淡雅风格、古典风格。

|（a）风格图|（b）内容图|（c）迁移效果图|

图7-14　不同风格的迁移效果图

　　为了快速将云锦创新图案落实到服饰应用上，利用数码印花机在服装上对图案进行打印。数码印花在满足定制产品个性化和灵活性的同时，兼具大批量生产的高产销水平。康丽数码印花技术使用的墨水可在多种织物上进行数码印花且无须采用额外的整饰工艺。

　　笔者利用清新淡雅风格的云锦图片，迁移生成了两款创新图案，使用数码印花技术将创新图案印在白色棉布T恤上，获得较好的视觉效果（图7-15）。

　　云锦创新图案和数码印花的结合不仅更符合现代的审美，而且能够快速推广开来，实现多品种、小批量的个性定制需求，前景广阔。

图7-15　清新淡雅风格数码印花效果图

［1］GATYS L, ECKER A S, BETHGE M.A neural algorithm of artistic style［J］. Journal of Vision,2016,16（12）：326.

［2］谭永前，曾凡菊.基于拉普拉斯算子和颜色保留的神经风格迁移算法［J/OL］.计算机应用：1-15［2022-07-13］.http://kns.cnki.net/kcms/detail/51.1307.TP.20211223.1733.012.html.

［3］KINGMA D, BA J. Adam：a method for stochastic optimization［J］. Computer Science, 2014.

［4］周怡江.当代服装风格中的配饰色彩研究［D］.北京：北京服装学院，2015.

［5］陈伟伟,陈雁.基于PCCS体系的服装色彩与服装风格的色彩空间匹配分析[J].丝绸，2019，56（1）：66-72.